建筑安装工程技术（思政版）

「互联网+」新形态信息化教材

全国高职高专院校土建大类专业规划教材

主编 / 方翠兰 刘 霞 易德勇

JIANZHU ANZHUANG GONGCHENG JISHU

(SIZHENG BAN)

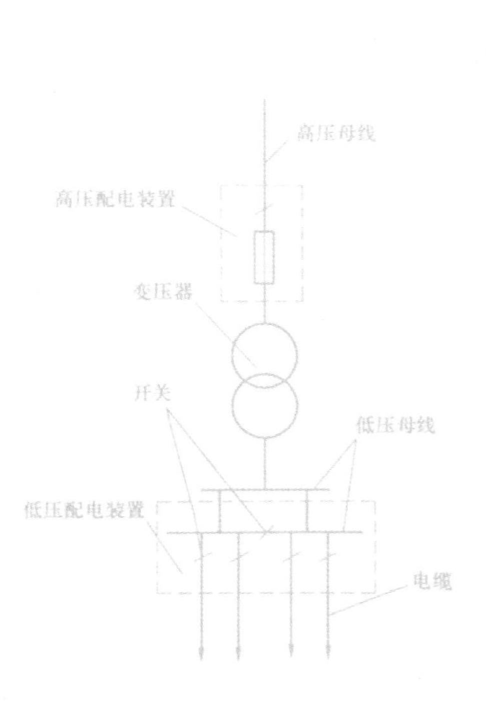

天津大学出版社
TIANJIN UNIVERSITY PRESS

内容提要

本书是为了满足土建大类专业最新人才培养目标和教学改革要求，依据党的二十大报告有关精神和新版《中华人民共和国职业教育法》的相关规定，坚持立德树人、德技兼修的育人理念，由模范教师、师德先进个人牵头，在征求企业相关领域专家和技术骨干意见的基础上，采用模块化、任务式的方式组织团队编写的"互联网+"新形态信息化教材。

本书共七个项目，主要介绍了管道常用材料及设备、建筑水暖系统、建筑消防系统、建筑通风与空调系统、电气常用材料及设备、建筑电气照明系统和建筑智能化系统。

本书可作为高职高专、高职本科院校工程造价专业、建筑工程管理、建筑经济及其他相近专业的教材，也可供工程造价管理人员学习参考。

图书在版编目(CIP)数据

建筑安装工程技术：思政版 / 方翠兰，刘霞，易德勇主编. -- 天津：天津大学出版社，2024.5

全国高职高专院校土建大类专业规划教材　"互联网+"新形态信息化教材

ISBN 978-7-5618-7711-1

Ⅰ. ①建… Ⅱ. ①方… ②刘… ③易… Ⅲ. ①建筑安装－工程施工－高等职业教育－教材 Ⅳ. ①TU758

中国国家版本馆CIP数据核字(2024)第085487号

出版发行	天津大学出版社
地　　址	天津市卫津路92号天津大学内（邮编：300072）
电　　话	发行部：022-27403647
网　　址	www.tjupress.com.cn
印　　刷	河北鑫彩博图印刷有限公司
经　　销	全国各地新华书店
开　　本	787mm×1092mm　1/16
印　　张	13.25
字　　数	314千
版　　次	2024年5月第1版
印　　次	2024年5月第1次
定　　价	45.00元

新版《中华人民共和国职业教育法》首次以法律形式确定了职业教育是与普通教育具有同等重要地位的教育类型。党的二十大报告提出，建设现代化产业体系、全面推进乡村振兴、加快发展方式绿色转型，深入实施科教兴国战略、人才强国战略、创新驱动发展战略，并且再次强调“坚持教育优先发展”，这为推动职业教育高质量发展提供了强大动力。

作者团队立足新时代，面向新征程，根据新版《中华人民共和国职业教育法》和二十大以来国家新形势、新发展、新业态的要求，结合专业岗位的技能培养，按照教育部颁布的《高等职业学校有关专业教学标准》和《职业教育专业简介》的要求落实教材改革，将课程思政入教材、入课堂、入头脑，由双师型教师、师德先进个人、企业相关领域的专家牵头，在征求行业专家及技术骨干、相关兄弟院校意见的基础上，采用项目化与任务式相结合的形式编写本部“互联网 +”新形态信息化教材。

本教材全面落实立德树人根本任务，遵循高素质技术技能型人才成长规律、社会发展规律、教育教学规律和教材建设规律，突出体现以学生为中心，体现职业教育新理念、工学结合、产教融合、科教融汇等贯通培养，以融媒体和二维码方式保持教材内容的交互性和与时俱进。安装工程识图和施工知识既琐碎，又抽象，历来是教学难点，怎样把这些散碎、难于理解的知识生动形象地展示出来，让大家愿意学，乐于学，学有所获，为此我们把各类资源进行整合，精心编写了本教材。

本教材具有以下特点。

1. 新形态教材。本书将课堂、内容和各类资源融为一体，采用项目化教学模式，每一个任务就是一个课堂。首先由“任务引入”开始课堂教学；在“相关知识”模块，说明文字浅显易懂，并配有大量图片，就如教师课堂讲课时的 PPT 展示；后又根据实际工作进行“任务实施”，模拟工作任务，方便学生理解，实现教材与工作的无缝对接。每一个项目后配有微课，学生可以通过微课进行知识巩固，教师也可以要求学生先进行微课和相关知识学习，组织学生进行翻转课堂教学。“知识加油站”体现了活页式教材的可拆可组功能，加油站里的每一滴油标出了内容的难易程度，既是一个知识点，也是一个学习任务；既有对本项目知识的补充，也有更深层的知识拓展，教师和学生可根据需要灵活选择。课程结束后，学生可通过“任务布置”进行自我评定，教师可通过“学习效果测试”考核学生的掌握情况，通过任务引入→任务布置→相关知识学习→任务实施→学习效果测试→微课巩固等系列活动，实现课堂、教材、资源一体式教学。

2. 图文并茂，资源丰富，实现信息化。本书配有辅助教学的安装视频，每一个项目后配有该项目的学习微课，学生可通过手机扫描二维码观看学习。书中还配有大量实体图片，学生可直观理解教材中相关文字内容。本书是在线课程“安装工程识图与施工”的配套教材，大家可通过链接 https：//higher.cq.smartedu.cn/登录重庆智慧教育平台，搜索在线课程“安装工程识图与施工”即可享受本课程资源。

3. 语言通俗易懂，模块丰富。本书知识点力求最简化，求大同，存小异，让学生轻松理解教材内容，培养学生的兴趣和信心，设置的“知识加油站”“温馨提醒”“注意”等形式，学生可以拓展知识面，教师可以进行分层教学。

4. 校企合作，工学结合。本书编写过程中，学校教师和企业专家（共佑工程咨询（重庆）有限公司）相互合作与交流，一方面在理念上与社会更贴合，另一方面在内容上与时俱进，更贴近企业实际工作，帮助学生工作后能更快适应工作岗位。书后附有企业提供的安装工程图，供大家参阅和拓展。

5. 陶冶爱国情操，培养工匠精神。爱国是中华民族的优良传统，是中华民族生生不息、屹立于世界民族之林、实现中国梦的强大精神动力，总书记号召在全社会大力弘扬追求真理、永攀高峰的科学精神，谆谆教导广大科技工作者传承老一辈科学家以身许国、心系人民的光荣传统，因此在教材“小言小语，晓情晓理”中，例举国家强盛的案例，旨在为祖国强盛感到自豪的同时，催发大家的爱国情怀。为了祖国昌盛繁荣，作为一名即将跨入社会、肩负社会职责的学生，要从一颗螺丝钉做起，从知识的学习和要求中培养认真谨信的工匠精神和公平、公正、科学、高效的职业道德。

本书由重庆工程职业技术学院土木工程学院组编，主编是方翠兰、刘霞和共佑工程咨询（重庆）有限公司易德勇，副主编是王筝、李晋旭及共佑工程咨询（重庆）有限公司谢珍，编写团队均无师德师风问题。具体分工如下：绪论、项目一、项目二、项目三、项目五、项目六由方翠兰编写，李晋旭参编项目三，项目四由刘霞编写，项目七由易德勇编写，图片由方翠兰、王筝、谢珍收集，视频由方翠兰、谢珍、刘霞录制，工程图纸由谢珍提供。本书配套资源可通过以下二维码扫描下载。如有问题或建议请联系责任编辑或作者（邮箱 ccshan2008@sina.com 或微信 273926790）。

由于编者水平和时间有限，书中难免有错误和不当之处，恳请读者批评指正。

编者

2024 年于重庆

教学课件 PPT

工程项目图纸

配套图片资源

目录

课前准备

一、研究对象和任务

众所周知，"吃穿住用行"构成了人类的基本生活。其中，"住"是指我们的建筑工程。

1. 什么是建筑工程

建筑工程是指通过对各类房屋建筑及其附属设施的建造和与其配套的线路、管道、设备的安装活动所形成的工程实体。因此，建筑工程是由土建工程和安装工程构成。

2. 什么是安装工程

安装工程是指设备、管道、电气、仪表的安装。卫生间里的管道、房间里的灯具如图 0-1 和图 0-2 所示，都属于安装工程的范畴。

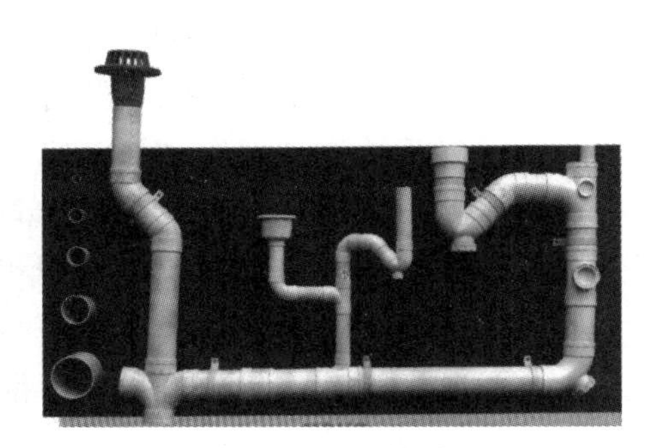

图 0-1　排水管道

图 0-2　灯具

安装工程较为隐蔽，大多数同学未曾见过或见之甚少，本书旨在帮助大家简单轻松地认识常见的安装工程及其构造和工艺。本书主要涉及建筑水暖系统、建筑消防系统、通风与空调系统、建筑电气照明系统、建筑智能化系统等，学习给水排水和建筑强电工程的识图。

二、课程定位及岗位需求

安装工程是安装在土建工程基础上的，在学习本门课程前需要对"建设工程施工图识读与绘制”“建筑构造及功能分析”“建设工程材料的检测与选择”课程有所了解，后续课程有“安装工程计量与计价”“安装工程造价软件操作”“建筑工程计价与管理”“工程招投标与合同管理”，本课程能为“安装工程计量与计价”知识板块的学习打下坚实且必要的基础。

本课程对应的岗位主要是安装造价员和安装施工员，在造价管理专业中，主要面向安装造价员。对应的岗位资格证有一级造价工程师（安装）、二级造价工程师（安装）、一级建造师（机电）、二级建造师（机电）。

三、学习方式及考核

编写过程中，为方便大家更好地认识安装工程，本教材设计了一系列循序渐进的学习环节。在“项目导读”模块中，需要明白学习项目知识的意义和必要性，明确知识目标、能力目标和思政目标，在每一个任务板块里，为解决学习过程中容易产生的思维混乱、脉络不清、重难点抓不住，以及不知道如何学习等问题，专门在相关知识介绍前设置“任务布置”环节，可根据布置的提示去勾画、背诵和学习与实操相关知识对应的内容，还可以观看学习视频，将这些环节做到位后可进行“任务实施”。任务指令清晰，操作简单易行。按照布置一一去完成，会轻松驾驭本门课程的学习。

在完成任务后，自己做得怎么样呢？大家可以进行自评。自评方式如下：一是每个项目后有学习效果测试环节，如果感觉需拓展相关知识的测试题，可在前言提到的在线课程中去测评，这种测试题的方式比较直观；二是根据任务布置进行自我评定，看自己是否按照任务布置的要求完成了，完成度如何；三是可通过任务实施，尤其是有具体题型的任务实施进行测评；四是结合知识目标、能力目标和思政目标，根据目标自测完成率。

教师可根据学生的学习完成情况进行评定。一是形成性评价，通过学生完成任务布置、任务实施、视频学习等情况进行过程性评价。二是根据项目学习效果测试和在线课程测试掌握学生的整体完成情况。

本门课程实质是带领大家认识安装工程，因为没见过，就觉得难，所以要将知识掌握到位，多熟悉、多背诵，把握好这两点，就不会有任何困难了。

项目一　管道常用材料、设备概述

【项目导读】

爱国教育战争片《长津湖之水门桥》中主战场——水门桥，有四根巨大的管道，这就是给排水管道工程；在生活中给排水工程无处不在，如每天洗漱用的水龙头、洗脸盆，以及给这些卫生设备供水的给水管和供废水排放的排水管等。

因此，让我们认识一下安装工程——给排水工程吧！那么，大家极其迫切需要了解些什么呢？作为一名造价管理专业的学生，在今后的计价学习中，要会使用清单计价规范，其中对管道的描述是这样的。

项目编码	项目名称	项目特征	计量单位	计算规则
031001001	镀锌钢管	1. 安装部位 2. 输送介质 3. 管材规格 4. 连接形式 5. 接口材料	m	按设计图示管道中心线（不扣除阀门、管件及各种组件所占长度）以“m”计算
031001005	铸铁管		m	
031001006	塑料管		m	
031001007	复合管		m	

因此，大家需要了解给排水管道的管材规格、连接形式、接口材料等。

★★★★★ 高素质、高技能复合型人才培养 ★★★★★

【知识目标】

1. 掌握常用管道的管材、管件、连接等基本知识；
2. 熟悉并掌握管道常用附件及设备的基本知识。

【能力目标】

1. 能熟练说出管道的几种常用管材、管件及连接；
2. 能熟练说出常用管材的适用场合；
3. 能根据掌握的管道基本知识，画出思维导图。

【思政目标】

1. 培养爱国情怀，对国家的归属感和自豪感；

2. 培养团结协助、友爱互助精神及责任感；
3. 培养理论联系实际的能力和勤劳务实的品质。

任务一 认识管道常用管材

◆ 任务引入

日常生活中，管道随处可见，那么管道的材质有哪些呢？千里之行始于足下，让我们进入安装工程——管道最基础、最重要的常用管材部分的介绍吧。

◆ 任务布置（勾一勾，画一画；议一议，想一想；再背一背，做一做）

1. 请勾画出常用管材的名称，再牢牢地背一背；
2. 请勾一勾各种管材的安装场合，并背一背。

◆ 相关知识

根据制造工艺和材质的不同，管材有很多种。按制造方法，可分为无缝钢管、有缝钢管和铸造管等；按材质，可分为钢管、铸铁管、有色金属管和非金属管等。

一、焊接钢管

低压流体输送用焊接钢管，按表面是否镀锌可分为镀锌钢管（内外表面镀一层锌）和不镀锌钢管两种。镀锌钢管表面泛白也称白铁管，如图 1-1 所示，未经过处理的钢管俗称黑铁管。

镀锌钢管分热镀锌和电镀锌两种，热镀锌钢管镀锌层厚，具有镀层均匀、附着力强、使用寿命长等优点。电镀锌钢管成本低，表面不是很光滑，耐腐蚀性比热镀锌钢管差很多。

按管端是否带螺纹，分为带螺纹和不带螺纹两种；按管壁的厚度，分为普厚管、加厚管和薄壁管三种。带螺纹的黑、白铁管制造长度为 4~9 m/根；不带螺纹的黑铁管制造长度为 4~12 m/根。

图 1-1　镀锌钢管

这种管材主要用于工作压力和工作温度较低，管径不大（公称直径 150 mm 以内）和要求不高的管道系统中。过去常用于室内给水，中华人民共和国住房和城乡建设部等四部委发文明确从 2000 年起禁止用镀锌钢管作为供水管，现在一般用于消防（室内外）或热水管道中。

水暖管道中，通常不使用薄壁管，加厚管也较少，一般使用普厚管。其中白铁管常用直径 DN/mm 有 DN15、DN20、DN25、DN32、DN40、DN50、DN65、DN80；黑铁管常用直径 DN/mm 有 DN15、DN20、DN25、DN32、DN40、DN50、DN65、DN80、DN100、DN125、DN150。

二、无规共聚聚丙烯管(PP–R 管)

无规共聚聚丙烯管是采用无规共聚聚丙烯经挤出成为管材，采用气相共聚工艺使 5%左右 PE（聚乙烯 Polyethylene）在 PP（聚丙烯 Polypropylene）的分子链中随机地均匀聚合（无规共聚）成新一代管道材料，具有较好的抗冲击性能和长期蠕变性能，PP-R 管如图 1-2 所示。

图 1-2　PP-R 管

PP-R 管是最轻的热塑性塑料管，具有较高的强度和较好的耐热性，最高工作温度可达 95 ℃。但其低温脆化，温度仅为-15~0 ℃，因此在北方地区应用受到一定限制。PP-R 管无毒、耐化学腐蚀，在常温下无任何溶剂能溶解，能有效避免水质的“二次污染”，现大量用于室内给水的冷、热水管道中。

三、铸铁管

铸铁管（如图 1-3 所示）分为给水铸铁管和排水铸铁管两种。其特点是经久耐用，抗腐蚀性强，质地较脆。给水铸铁管主要用于室外自来水的输送，是自来水管道理想的选择用料。铸铁管通常是用 18 号以上的铸造铁水添加球化剂后，经过离心球墨铸铁机高速离心铸造成的离心球墨铸铁管，简称为球墨铸铁管。

图 1-3　铸铁管

排水铸铁管通常是用灰口铸铁浇铸而成，其管壁较薄，承口较小。出厂之前管子内外表面不涂刷沥青漆。排水铸铁管能适应较大的轴向位移和横向挠曲变形，适用于高层建筑室内排水管，地震区尤为合适。

四、硬聚氯乙烯管塑料管（PVC–U 管）

PVC-U 管一般是合成树脂，也就是以聚酯为原料，加入稳定剂、润滑剂、增塑剂等，以“塑”的方法在制管机内经挤压加工而成，如图 1-4 所示。它具有质轻、耐腐蚀、外形美观、无不良气味、加工容易、施工方便等特点。在建筑工程中获得了越来越广泛的应用。管材长度一般为 4~6 m/根。

图 1-4　PVC-U 管

一般排水塑料管在建筑高度为 100 m 以下的建筑物内使用。

五、混凝土排水管

混凝土排水管（如图 1-5 所示）按是否含有钢筋，分为混凝土管和钢筋混凝土管两种。钢筋混凝土排水管的接口形式分为平口和承插式两种，一般常用承插式。

图 1-5 混凝土排水管

钢筋混凝土排水管被大规模运用在公共设施的排水上，但近年来用量已逐渐减少。钢筋混凝土排水管用内径表示，如钢筋混凝土排水管内径为 200 mm，则表示为 d200。

◆ 任务实施

某写字楼有 33 层，高 105 m，若你是安装工程设计师，会如何设计建筑物内水暖管道的管材？

解析：通过阅读和理解任务实施，结合实际生活，可知一般建筑物内水暖管道有给水管、排水管以及消防管。根据相关知识，消防给水管常采用镀锌钢管，室内生活给水管常采用 PP-R 管，室外给水管常采用高压给水铸铁管，室内排水管（100 m 以下）常采用 PVC-U 管，室内排水管也常采用排水铸铁管，室外排水管常采用混凝土管。

本工程为室内，故消防管采用镀锌钢管，室内生活给水管常采用 PP-R 管，因楼层高于 100 m，故室内排水管立管采用铸铁管，其他排水管考虑成本及施工便利采用 PVC-U 管。

任务二 认识管道常用管件

◆ 任务引入

在上一个任务中，我们发现管材都是一根一根的，那么当管材需要连接、变向、分流时怎么办呢？因此，让我们继续去认识在管道系统中起连接、变向、分流作用的零部件——管件。

◆ 任务布置（勾一勾，画一画；议一议，想一想；再背一背，做一做）

1. 请勾画出常用管件名称（请注意是所有名称）；
2. 请勾一勾各种管件的作用，再背一背，做出思维导图。

◆ 相关知识

一、管箍

管接头也称管箍、束结，用于直径相同的两根管子的连接，如图 1-6 所示。

图 1-6　管箍

二、弯头

弯头一般为 90°，分为等径弯头和异径弯头两种，用来连接直径相同（或不同）的管子，并使管路转 90° 弯，如图 1-7 所示。

图 1-7　弯头

三、三通

三通分为等径三通和异径三通两种，用于直管上接出支管，如图 1-8 所示。三通有直管段和支管段，直管段是不能变径的，因此异径三通指的是支管和直管的管径不同。

图 1-8　三通

温馨提醒：四通分为等径四通和异径四通两种，用于连接四根垂直相交的管子。

四、大小头

大小头也叫异径管，用于连接两根直径不同的管子，如图 1-9 所示。

图 1-9　大小头

五、管堵

管堵也叫管塞、外方堵头，用于堵塞管路，常与管接头、弯头、三通等管件配合使用，如图 1-10 所示。

图 1-10　管堵

六、活接头

活接头也称由任，用于需要拆装处的直径相同管子的连接，如图 1-11 所示。

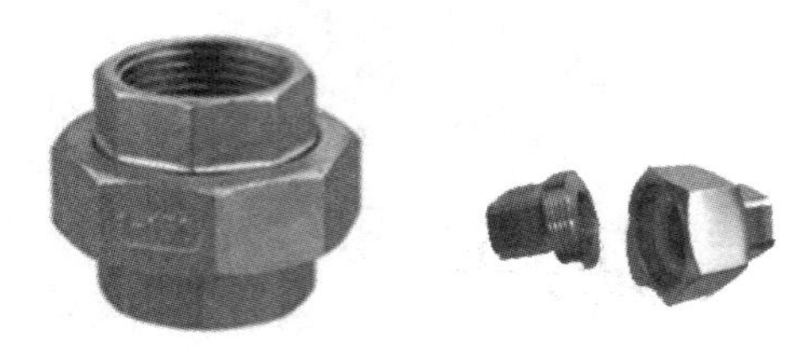

图 1-11　活接头

排水管与压力式给水管有不一样的特征，其管件除了具有分支、变向以外，还有对应其特征的相应管件。

①排水管是重力式管子，依靠污水自流，因此需要防堵和清通检查。防堵的管件有斜三通、斜四通、乙字弯、出户大弯等，如图 1-12、图 1-13 所示。清通检查管件有立管检查口、清扫口等，如图 1-14、图 1-15 所示。

图 1-12　斜三通

图 1-13　出户大弯

图 1-14　立管检查口

图 1-15　清扫口

②排水管是重力式管子，需保持压力平衡，所以管子需延伸出屋顶，并设置通气帽阻挡大的杂质进入，通气帽如图 1-16 所示。

③排水管不排水时是空管，昆虫易进入室内，排水管排污水，容易产生浊气，所以需设置存水弯，有 S 形存水弯、P 形存水弯等，如图 1-17、图 1-18 所示。

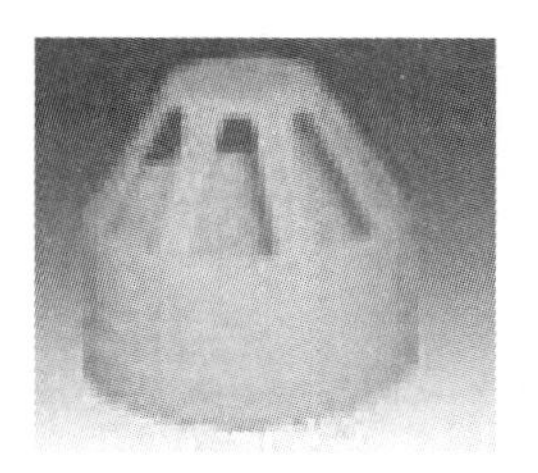

图 1-16　通气帽

图 1-17　S 形存水弯

图 1-18　P 形存水弯

◆ 任务实施

某建筑的给水管如下图，请描述出相应的管件。

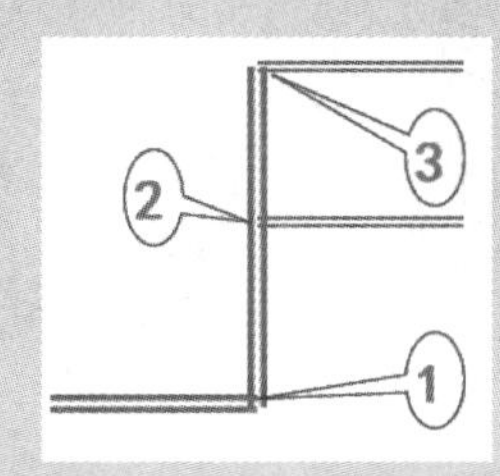

解析：通过阅读和理解任务实施，根据相关知识可知 1 号管件是等径弯头，2 号管件是异径三通，3 号管件是异径弯头。

任务三　认识管道常用连接

◆ 任务引入

管道与管道之间、管道与管件之间是如何连接的？本任务将解答这个问题。

◆ 任务布置（勾一勾，画一画；议一议，想一想；再背一背，做一做）

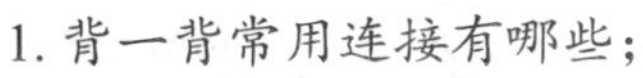

1. 背一背常用连接有哪些；
2. 想一想常用连接的施工过程，议一议常用连接的区别和适用管材；
3. 结合管材连接的知识，分组探讨室内给排水管道的常用连接。

◆ 相关知识

一、螺纹连接

螺纹连接又称丝扣连接，如图 1-19 所示，它是通过内外螺纹把管道与管道、管道与阀门连接起来。螺纹连接一般用于小管径镀锌钢管。

图 1-19　螺纹连接

温馨提醒：螺纹分为外螺纹和内螺纹，必须是内外螺纹才能相互连接。两个外螺纹或两个内螺纹是不能相互连接的。

二、沟槽连接(卡箍连接)

沟槽式管接口是把管材、管件等管道接头部位加工成环形沟槽，用卡箍件、橡胶密封圈和紧固件等组成的套筒式快速接头，如图 1-20、图 1-21 所示。安装时，在相邻管端套上异形橡胶密封圈后，用拼合式卡箍件连接。卡箍件的内缘就位沟槽内并用紧固件紧固，保证了管道的密封性能。这种连接广泛用于公称直径 80 以上的钢管。

图 1-20　沟槽连接

图 1-21　卡箍件

三、法兰连接

法兰连接就是把两个管道或管件，先各自固定在一个法兰盘上，然后在两个法兰盘之间加上法兰垫，最后用螺栓将两个法兰盘拉紧使其紧密结合起来的一种连接方式，如图 1-22 所示。

图 1-22　法兰连接

1）法兰的种类　钢管用的法兰种类较多，最常用的是平焊钢法兰。按其接触面分为光滑式和凹凸式密封面两种。

2）法兰的材质　法兰的材质通常与相应钢管的材质相同，采用普通碳素钢、优质碳素钢或低合金钢钢板加工而成。

3）法兰的规格表示　通常选用标准法兰表示，如平焊钢法兰的规格一般以公称直径“DN”和公称压力“PN”表示。

四、热熔及电熔连接

同种材质的给水聚丙烯管及管配件之间安装应采用热熔或电熔连接，因热熔连接简单易操作，故一般都采用热熔连接，安装时应使用专用热熔工具，如图 1-23 所示。

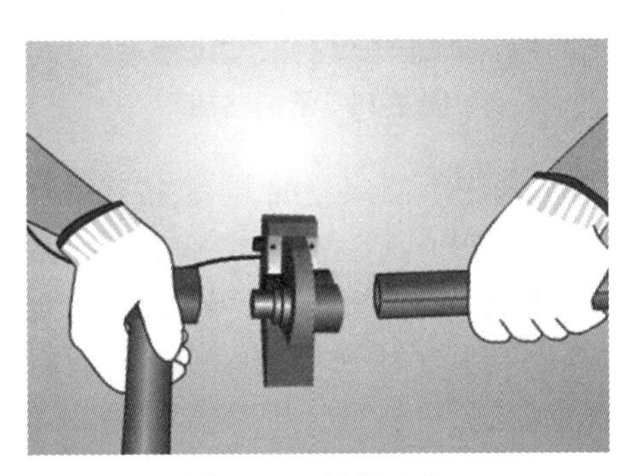

图 1-23　热熔连接

五、承插连接

承插铸铁管常用接口方法有油麻石棉水泥接口、油麻膨胀水泥接口和橡胶圈接口。现常采用承插胶圈。

橡胶圈接口以前多是采用橡胶圈作为密封填料，然后再做石棉水泥或膨胀水泥接口，胶圈断面多为圆形。近些年，为了便于施工，在承口处做出特殊形状的凹槽，采用近似梯形断面的橡胶圈将其撞入承口凹槽内，不需其他接口填料，如图 1-24 所示。

图 1-24　承插连接

硬聚氯乙烯管塑料管的管材两端为插头，管件均为承口，多数采用承插粘接法连接，属不可变的永久性连接，如图 1-25 所示。粘接连接是采用黏合剂做粘接填料，将同质的管材、管件粘接在一起，从而起到密封作用。

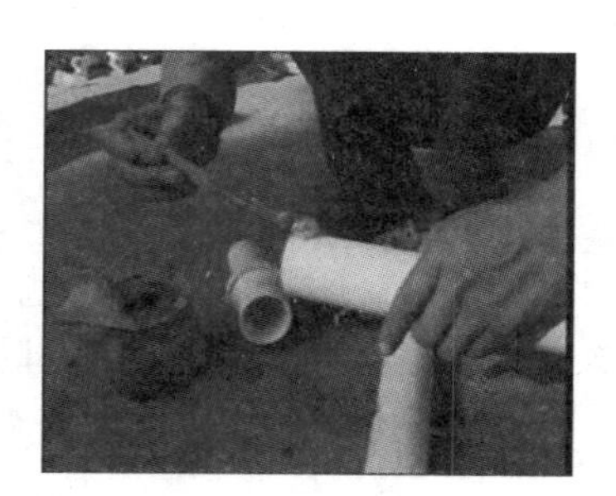

图 1-25　承插粘接

钢筋混凝土管的接口形式常采用承插式。铺管前，将每节管的两端口以棉纱、清水擦洗干净，然后将沟边（已清理管口）的管子，以吊车（或人工）逐节（根）放入沟内的管基（或混凝土垫）上，使接口对正，再采用水泥砂浆为填料。砂浆配比为高强度水泥：河砂=1：2.5（质量比），加适量的水拌匀，然后将其填满接口、抹平并凸出接口，像一条带子，因此形象地叫做水泥砂浆抹带，如图 1-26 所示。

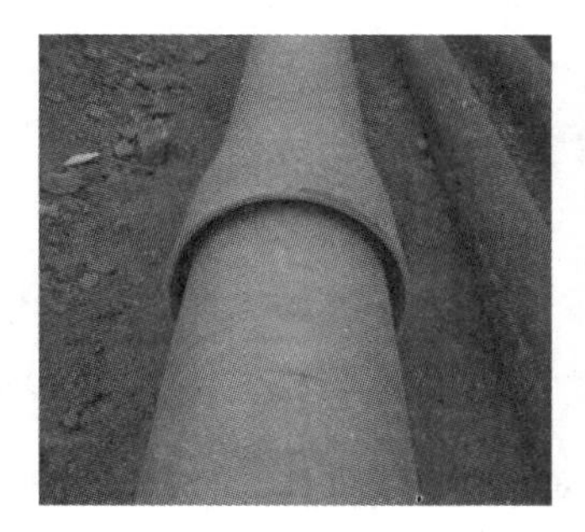

图 1-26　混凝土管连接

六、焊接连接

焊接是通过加热、加压或两者同时并用，将两种或两种以上的同种或异种材料，产生原子间结合力而连接成一体的成形方法，如图 1-27 所示，可以连接金属材料和非金属材料。通常焊接是指金属焊接。

图 1-27　焊接

焊接也称作熔接、镕接，通过加热、高温或者高压的方式熔合金属使之相连。钢管焊接用于高温高压管道，大管径钢管也常采用焊接方式连接。

◆ 任务实施

某写字楼有 33 层，高 105 m，若你是安装工程设计师，会如何设计建筑物内水暖管道的连接？

解析：通过阅读和理解任务实施，结合任务一的实施可知本工程消防管采用镀锌钢管，室内给水管采用 PP-R 管，因楼层高于 100 m，故室内排水管立管采用铸铁管，其他排水管采用 PVC-U 管。

根据相关知识，镀锌钢管小管径可采用螺纹连接，大管径可采用卡箍式连接，PP-R 管可采用热熔连接，PVC-U 管可采用承插粘接，排水铸铁管可采用承插胶圈连接。

任务四　认识管道常用附件及设备

◆ 任务引入

众所周知管道是用来输送介质的，可是怎么才能对水量进行调节，对水流进行控制和通断呢？在本任务大家将了解这些内容。

◆ 任务布置（勾一勾，画一画；议一议，想一想；再背一背，做一做）

1. 勾一勾并背一背管道常用附件及设备名称；
2. 画一画并想一想管道常用附件及设备的作用；
3. 想一想并议一议管道常用附件及设备的适用场合。

◆ 相关知识

管道附件分为配水附件、控制附件和其他附件三类，在给水系统中起调节水量、水压，控制水流方向和通断水流等作用。

一、配水附件

配水附件是指为各类卫生洁具、受水器分配或调节水流的各式水龙头（或阀件），是使用最为频繁的管道附件，其公称直径常用的有 DN15、DN20、DN25 三个等级。

（1）陶瓷芯片水龙头

陶瓷芯片水龙头采用精密的陶瓷片作为密封材料，由动片和定片组成，通过手柄的水平旋转或上下提压造成动片与定片的相对位移启闭水源，使用方便，但水流阻力较大，如图 1-28 所示。

（2）延时自闭水龙头

延时自闭水龙头主要用于酒店及商场等公共场所的洗手间，使用时将按钮下压，每次开启持续一定时间后，靠水的压力及弹簧的增压自动关闭水流，如图 1-29 所示。

图 1-28 陶瓷芯片水龙头

图 1-29 延时自闭水龙头

(3)混合水龙头

混合水龙头常安装在洗脸盆、浴盆等卫生器具上,通过控制冷、热水流量调节水温,作用相当于两个水龙头,使用时将手柄上下移动控制流量,左右偏转调节水温,如图 1-30 所示。

(4)自动控制水龙头

自动控制水龙头是根据光电效应、电容效应、电磁感应等原理自动控制水龙头的启闭,常用于建筑装饰标准较高的盥洗、淋浴、饮水等水流控制,如图 1-31 所示。

图 1-30 混合水龙头

图 1-31 自动控制水龙头

二、控制附件

控制附件是用于调节水量、水压、关断水流、控制水流方向和水位的各式阀门。常见的控制附件有闸阀、截止阀、止回阀、安全阀、球阀等。

(1)闸阀

闸阀具有流体阻力小、开闭所需力量较小、介质的流向不受限制等优点;但外形尺寸和开启高度较大,安装所需空间较大,若水中有杂质落入闸阀座,闸阀不能关闭严密,关闭过程中密封面间的相对摩擦容易引起擦伤现象。

闸阀广泛用于口径大于等于 DN70,水流阻力要求较小,安装空间不受限的室内外给水工程中。闸阀体内有一平板与介质流动方向垂直,故亦称为闸板阀。靠平板的升降来启闭介质流,如图 1-32 所示。

图 1-32　闸阀

（2）截止阀

截止阀具有开启高度小、关闭严密、在开闭过程中密封面的摩擦力比闸阀小、耐磨等优点，但其流体阻力比闸阀大些，体形比同直径的闸阀长，水头损失较大，故广泛用于口径小于等于 DN200 的水暖管道和工业管道工程中，如图 1-33 所示。

图 1-33　截止阀

截止阀利用阀杆下端的阀盘（或阀针）与阀孔的配合来启闭介质流。按连接形式的不同，截止阀可分为螺纹式与法兰式两种。

（3）止回阀

止回阀也称逆止阀、单向阀、单流阀，是一种自动启闭的阀门，广泛用于水暖管道和工业管道工程中。止回阀在阀体内有阀盘（或摇板），当介质顺流时，其推力将阀盘升起（或将摇板旋开），介质流过；当介质倒流时，阀盘或摇板自重和介质的反向压力使止回阀自动关闭。按结构的不同，止回阀分为升降式和旋启式两种，按连接形式的不同，分为内螺纹式和法兰式两种，如图 1-34 所示。

图 1-34　止回阀

（4）安全阀

安全阀是自动保险（保护）装置。当设备、容器或管道系统内的压力超过工作压力（或调定压力值）时，安全阀自动开启，排放出部分介质（气或液）；当设备、容器或管道系统内的压力低于工作压力（或调定压力值）时，安全阀自动关闭。安全阀按结构的不同分为弹簧式和杠杆式两种，按连接形式的不同分为法兰式和内螺纹式两种。通常固定容器、设备（如锅炉）应同时安装弹簧式和杠杆式安全阀各一个。管道系统一般安装弹簧式安全阀，如图 1-35 所示。

图 1-35　弹簧式安全阀

（5）球阀

在球阀体内，位于阀杆的下端有一个球体，在球体上有一个水平圆孔，利用阀杆的转动来启闭介质流（当阀杆转动 90° 为全开，再转动 90° 为全闭）。常用的球阀为小直径内螺纹球阀，其公称直径一般在 DN50 以内，如图 1-36 所示。

图 1-36　球阀

球阀的主要优点是比闸阀和截止阀开闭迅速，适用于工作压力和温度不高的水、气等管道工程中。

三、其他附件

在给水系统中经常需要安装一些保障系统正常运行、延长设备使用寿命和改善系统工作性能的附件，如管道过滤器、倒流防止器、水锤消除器、排气阀、橡胶接头和伸缩器等。

◆ 任务实施

请分成 5 个小组，每组扮演一种阀门，向其他同学表演所扮演阀门的特点、功能、原理及用途等。

1. 无缝钢管

按管材用途，无缝钢管分为普通（一般）和专用两种，常用普通无缝钢管；按制造方法，分为冷轧和热轧两种。冷轧管每根 1.5~9 m；热轧管每根 3~12 m。

无缝钢管广泛用于工业管道工程中，如氧气、乙炔、室外蒸汽管道。无缝钢管的管件种类不多，常用的有无缝冲压弯头（分为 90° 和 45° 两种）、无缝异径管（也称为无缝大小头，分为同心和偏心大小头两种）。

无缝钢管同一外径，往往有几种壁厚。所以，这种管材（管件）的规格，一般用实际的外径乘以实际的壁厚来表示。

2. 铝塑复合管

铝塑复合管又称铝塑管，是最早替代铸铁管的供水管，其基本构成为五层，由内向外依次为塑料（聚乙烯或交联聚乙烯）、热熔胶（黏合剂）、铝合金、热熔胶（黏合剂）、塑料（聚乙烯或交联聚乙烯），如图 1-37、图 1-38 所示。

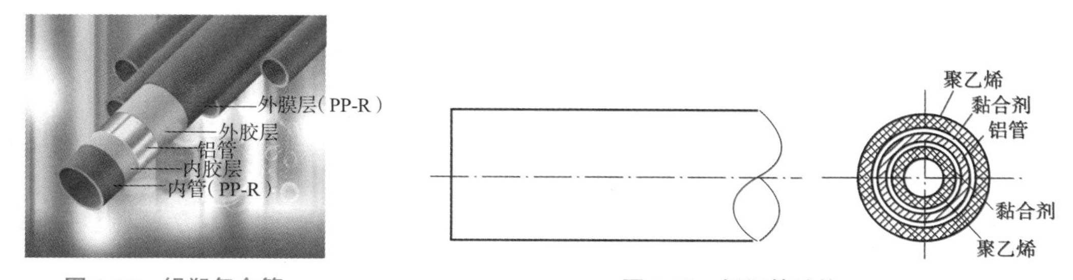

图 1-37　铝塑复合管　　图 1-38　铝塑管结构

目前，铝塑复合管的管件、附件采用铜管件和铜附件。铝塑复合管常用外径等级为 D14、D16、D20、D25、D32、D40、D50、D63、D75、D90、D110 共十一个等级。

铝塑复合管有较好的保温性能，内外壁不易腐蚀，因内壁光滑，对流体阻力很小；可随意弯曲，安装施工方便。作为供水管道，铝塑复合管有足够的强度。

管道的规格怎么表示呢？

一般来说，管道都是圆形的，可以用直径来表示。可是管子有厚度，因此就有了用外径（D）和内径（d）来表示。如：无缝钢管的外径是 57 mm，壁厚是 4 mm，则可表示为 D57×4。钢筋混凝土排水管内径为 200 mm，则表示为 d200。

这时，又有疑问？当管子与管件、管子与附件连接时，会出现大量的规格表示，为了接口规格一致，衍生了公称直径，它既不是实际的内径，也不是实际的外径，而是公称直径。无论管子的实际外径（或实际内径）多大，只要公称直径相同都能相互连接。

公称直径以符号“DN”表示，公称直径的数值写于其后，单位 mm（不写）。如：DN50，表示公称直径为 50 mm。镀锌钢管、铸铁管的规格均用公称直径表示。镀锌钢管表示为 DN15、DN20、DN25、DN32、DN40、DN50、DN75、DN100、DN125、DN150；铸铁管表示为 DN50、DN75、DN100、DN125、DN150、DN200。

社会不断发展，塑料管因其造价低廉、施工方便得到发展并大量使用，其规格表示极其混乱，出现了 D，De，Φ，都主要表示外径，也出现了 Dn、dn 等符号，其名称为公称外径，甚至有时图纸上还会出现 DN。现在多数用公称外径 dn× 公称壁厚 en 表示。如 PP-R 管和 PUC-U 管表示为 dn20。

塑料管、复合管、铜管的公称外径与公称直径见表 1-1。

表 1-1　塑料管、复合管、铜管的公称外径与公称直径

公称直径	公称外径	
	塑料管、复合管	铜管
15	20	18
20	25	22
25	32	28
32	40	35
40	50	42
50	63	54
65	75	76
80	90	89
100	110	108
125	125	—
150	160	—
200	200	—

1. 外接头和补心

外接头（如图 1-39）也叫双头外螺丝，螺纹连接的管道，必须区分内外螺纹，外接头用于连接两个公称直径相同的内螺纹管件或阀门。补心（如图 1-40）也叫内外螺纹管接头，其作用与大小头相同。

图 1-39　外接头

图 1-40　补心

某局部镀锌钢管如图所示，请列举相应的管件。

DN15　DN25

DN25

解析：根据图纸有分流和变径，因此有管件三通，但三通只能是支管变径，所以不能是变径三通，而是等径三通。继续分析，变径可以有大小头和补心，如果用大小头，因为其要连接三通，两个管件都是内螺纹，必须使用管件外接头才能连接。因此若采用大小头，需设计三个管件才能实现。若采用补心，一边连接等径三通，一边连接管子，同时实现变径，因此若采用补心，则只需设计两个管件。再继续分析，三个管件比两个管件更经济，所以此次的管件最终设计是等径三通 DN25 × 25 × 25 和补心 DN25 × 15。

2. 丝扣管件

给水聚丙烯管与金属管件连接，应采用带金属管件的聚丙烯管件作为过渡，如图 1-41 所示。该管件与塑料管采用热熔连接，与金属配件或卫生洁具五金配件采用丝扣连接和法兰连接，一般小口径管采用丝扣连接，大口径管采用法兰连接，具体连接如图 1-42 所示。

图 1-41　外丝直接

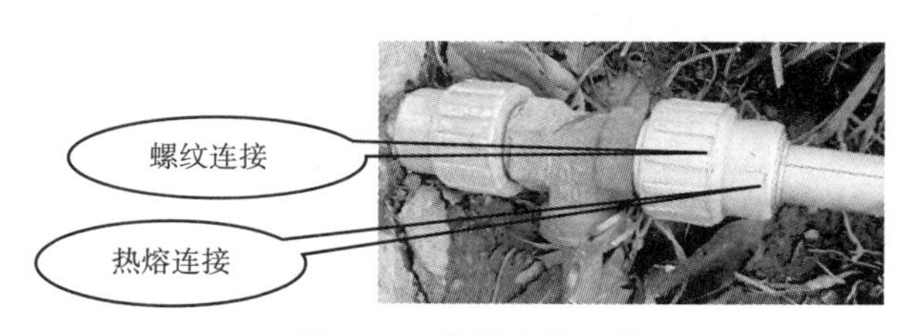

图 1-42　外丝直接连接

1. 密封材料

密封材料是指为能承受接缝位移达到气密、水密目的而嵌入接缝中的材料。密封材料有金属材料（铝、铅等），也有非金属材料（橡胶、塑料、陶瓷、石墨等）和复合材料（橡胶-石棉板等）。

（1）生料带

生料带化学名称聚四氟乙烯，是管道螺纹连接中常用的一种密封材料，如图 1-43、图 1-44 所示。生料带有无毒、无味、优良的密封性、绝缘性、耐腐性等优点，被广泛应用于水处理、天然气、化工、塑料、电子工程等领域。

图 1-43　生料带

图 1-44　生料带密封

（2）垫片

垫片常用于管道法兰的密封连接，按材质可分为金属垫片、非金属垫片和半金属垫片，如图 1-45、图 1-46 所示。金属垫片是用钢、铝、铜、镍或合金等金属制成的垫片，适合高温、高压及荷载循环频繁等苛刻条件；非金属垫片是用石棉、橡胶、合成树脂、聚四氟乙烯等非金属制成的垫片，质地柔软、耐腐蚀、价格便宜，但耐温、耐压性差；半金属垫片又称金属复合垫片，由金属材料与非金属材料包覆或缠绕而成。

图 1-45　金属垫片

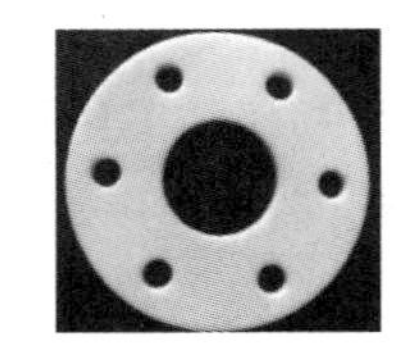

图 1-46　非金属垫片

2. 焊接材料

焊接材料是焊接时使用的形成熔敷金属的填充材料，保护熔融金属不受氧化、氮化的保护材料，协助熔融金属凝固成形的衬垫材料，包括焊条、焊丝、电极、焊剂、气体、衬垫等，如图

1-47 所示。

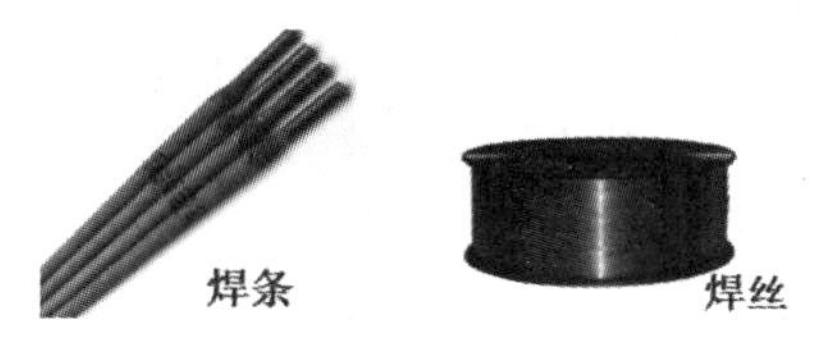

图 1-47　焊条焊丝

3. 紧固材料

紧固件是将两个或两个以上的零件（或构件）紧固连接成一个整体时所采用的机械零件的总称，主要指螺栓、螺母、垫圈，如图 1-48 所示。

图 1-48　螺栓

1. 板材

常用的板材有金属和非金属板材两种。

（1）金属板材

1）种类　管道、通风工程中常用的金属板材有下列几种。

①钢板。按制造方法钢板分热轧和冷轧两种；按厚度分为厚钢板和薄钢板两种，其中薄钢板又分为镀锌钢板（俗称白铁皮）和不镀锌钢板（俗称黑铁皮）两种，如图 1-49 所示。

图 1-49　钢板

②铝板。通风空调工程中常用纯铝板，如图 1-50 所示。

图 1-50　铝板

③不锈钢板。不锈钢板是指耐空气腐蚀的镍铬钢板，镍铬钢板中含碳 0.14%以下，含铬 18%，含镍 8%，如图 1-51 所示。

图 1-51　不锈钢板

2）适用场合　厚钢板主要用于加工制作容器、设备的底板、垫铁和低压法兰。薄钢板用于加工制作风管、空气处理箱等。铝板主要用于防爆通风系统。不锈钢板主要用于化工高温腐蚀的通风系统。

3）规格表示　通常以短边 × 长边 × 厚度表示，单位 mm（不写）。例如，钢板宽 800 mm，长 1500 mm，厚 0.9 mm，表示为 800 × 1500 × 0.9。

（2）非金属板材

常用的非金属板材有玻璃钢板、硬聚氯乙烯塑料板两种，如图 1-52、图 1-53 所示。这两种非金属板材，主要用于排除含腐蚀介质的通风系统中。

图 1-52　玻璃钢板

图 1-53　硬聚氯乙烯塑料板

2. 型钢

常用的型钢有圆钢、扁钢、角钢和槽钢。

（1）圆钢

1）常用规格　在管道和通风工程中，通常采用直条，普通碳素钢的热轧圆钢。其直径为 5.5~250 mm，共 82 种直径等级。直条长度如下：当直径小于等于 25 mm 时，长 9~12 m；当直径大于 25 mm 时，一般 6 m，实际有 9 m、12 m。

2）适用场合　圆钢主要用于加工制作U形螺栓和抱箍（支架），如图1-54、图1-55所示。

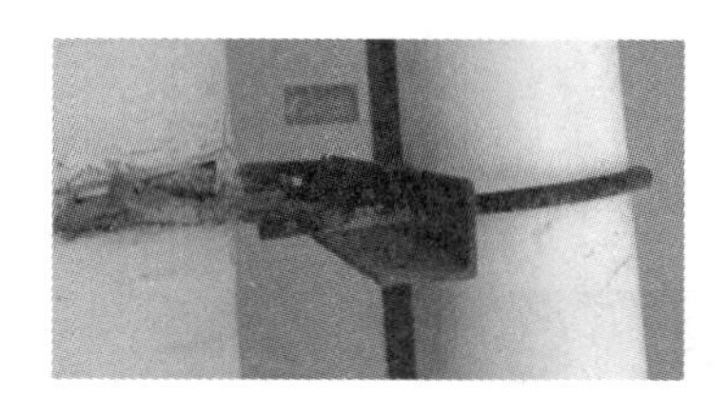

图1-54　角钢支架

图1-55　U形螺栓

3）规格表示　圆钢通常以“ϕ”表示直径，直径数值写于其后，单位mm（省略不写）。例如：ϕ 20，表示圆钢的直径为20 mm。

（2）扁钢

1）常用规格　扁钢通常指采用普通碳素钢的热轧扁钢，厚度3~60 mm，共25种厚度等级；宽度10~200 mm，共35种宽度等级；长度3~7 m。

2）适用场合　扁钢常用于加工风管法兰及抱箍，如图1-56、图1-57所示。

图1-56　扁钢

图1-57　抱箍

3）规格表示　以宽度 × 厚度表示，型号前面可加符号“-”，单位mm（不写）。例如：-30×3表示扁钢宽30 mm，厚3 mm。

（3）角钢

1）种类　按边的宽度不同，角钢分为等边和不等边两种。常用等边角钢，如图1-58所示。

图1-58　等边角钢

2）常用规格　常用等边角钢的边宽20~250 mm，厚度3~24 mm。每根长度如下：当边宽小于等于90 mm时，长3~12 m；当边宽为100~140 mm时，长4~19 m；当边宽为160~250 mm时，长6~19 m。

3）适用场合　角钢用于加工制作风管法兰和管道支架等。

4)规格表示　以边宽 × 边宽 × 边厚表示,型号前面可加符号“∠”,单位 mm(不写)。例如:∠ 50 × 50 × 6 表示角钢两边的宽均为 50 mm,边厚为 6 mm。

(4)槽钢

1)种类　槽钢分为普通和轻型槽钢两种,常用普通槽钢,如图 1-59 所示。

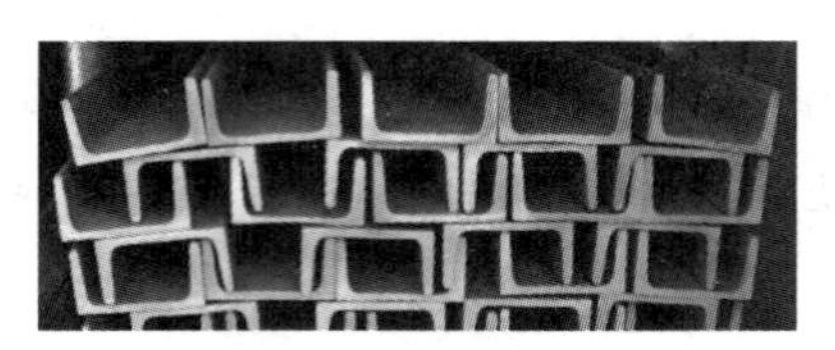

图 1-59　普通槽钢

2)常用规格　普通碳素钢的热轧普通槽钢 5~40 号。5~8 号槽钢,长度为 5~12 m;10~18 号,长 5~19 m,20~40 号,长 6~19 m。

3)适用场合　槽钢通常用于加工制作容器、设备的支座和管道的支架。

4)规格表示　槽钢以(高度)号表示,单位 mm(省略不写),每 10 mm 为 1 号。表示时型号前可加符号“[”且“号”不写。例如:槽钢的高 h=200 mm,表示为[20。

1. 阀门型号的组成

阀门型号由 7 部分组成:1 阀门类别、2 驱动方式、3 连接形式、4 结构形式、5 密封面材料、6 公称压力和 7 阀体材料,表现形式为:

1　2　3　4　5 - 6　7

1 为阀门类别,用汉语拼音首字母表示,如闸阀-Z、截止阀-J、止回阀-H。

2 为阀门的驱动方式,用一位阿拉伯数字表示(当阀门为手轮、手柄、扳手等可以直接用手驱动,或是自动阀门,此部分不写),如气动驱动-6、电动机驱动-9。

3 为阀门的连接形式,用一位阿拉伯数字表示,如内螺纹连接-1、外螺纹连接-2、法兰连接-4、焊接-6、卡箍连接-8。

4 为阀门的结构形式,用一位阿拉伯数字表示,参见表 1-2。

表 1-2　阀门的结构形式

结构形式	代号	结构形式	代号
闸阀			
明杆式单闸板	1	明杆式双闸板	2
暗杆平行式单板	7	暗杆平行式双板	8
截止阀			

续表

直通式（铸造）	1	直角式（锻造）	4
直流式	5		
止回阀			
直通升降式（铸）	1	立式升降式	2
单瓣旋启式	4		

5 为阀门的密封圈（面）材料，用汉语拼音首字母表示，如铜-T、橡胶-X。

6 为阀门的公称压力，直接以公称压力数值表示，并用横线与前部分隔开。

7 为阀体材料，用汉语拼音首字母表示，如灰铸铁-Z、可锻铸铁-K。对于灰铸铁阀体，当 PN≤1.6 MPa 和碳素钢阀体当 PN≥2.5 MPa 时，此部分省略不写。

2. 阀门型号举例

J11T-1.6DN32　是指公称直径 32 mm，手轮驱动（第二部分省略），内螺纹连接，直通式（铸造），铜密封圈，公称压力为 1.6 MPa，阀体材料为灰铸铁的截止阀。

学习效果测试

一、单项选择题

1. 室外高压给水铸铁管的连接方式是(　　)。

A. 承插和法兰　B. 平口和承插　C. 卡箍式　D. 螺纹

2. 室内给水管道常采用(　　)。

A. 砼管　B. 镀锌管焊接　C. PVC-U 粘接　D. PP-R 热熔

3. 镀锌钢管管件用于需要拆装处管子连接的是(　　)。

A. 外接头　B. 管接头　C. 补心　D. 活接头

二、多项选择题

1. PVC-U 管平均外径为 110.3 mm，壁厚 2.5 mm，规格表示可以采用的是(　　)。

A. DN110　B. Dn110 × 2.5　C. Dn110.3　D. D110 × 2.5

2. 手动驱动的阀门有(　　)。

A. 闸阀　B. 截止阀　C. 止回阀　D. 安全阀

3. 用于变径的管件有(　　)。

A. 大小头　B. 活接头　C. 异径弯头　D. 补心

三、简答题

1. 室内生活给水系统常采用什么管材？连接方法和规格表示分别是什么？
2. 室内生活排水系统常采用什么管材？连接方法和规格表示分别是什么？
3. 请说说常用阀门有哪些？能说说区别吗？

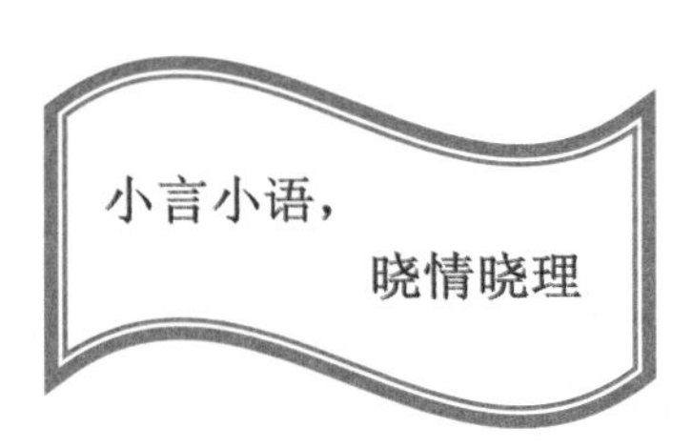

大家知道吗？在三千多年前的殷商时期，为解决几十万人口都城的排水问题，中国先民制造和使用陶制三通水管，这些三通管就像丰富的毛细血管将城市的日常污水汇聚到干网，最终排到河海湖泊。《国家宝藏》里这样描述：三千多年前，勤劳、勇敢、富有创造力的劳动人民用看似不起眼的陶三通，逐代构建起殷都庞大的水网，使得商人在此定居273年未再迁徙，而中原文明也迎来了第一个巅峰。每一座城市之下都有一座我们看不见的城市，而它的出入口就是我们常见的井盖。在它之下，一节节三通管道勾连起这座城市肌理中的“毛细血管”。三通管是支撑整个给排水系统的核心，是在水的输送过程中，保持支管和干管之间联系的非常重要的环节。

可以说，陶三通的出现，很好地解决了城市内涝问题，与几千年后的现代城市排水有着异曲同工之妙，充分说明了这个发明具有非常重大的意义，在我们为有这样的先辈和这样的国家深深骄傲的同时，也鞭策着我们这些后辈努力学习，精深掌握科技知识，为我们的国家和人民做出应有的贡献。

新时代教育工作者要努力把青少年培养成为中国特色社会主义的建设者和接班人。我们的教育要善于从五千年中华传统文化中汲取优秀的东西，同时也不排斥西方文明成果，真正把青少年培养成为拥有“四个自信”的公民。

让我们扫一扫，看看本项目的学习微课吧！

1.1　认识管道常用管材 1

1.1　认识管道常用管材 2

1.2　认识常用管件

1.3　认识管道常用连接 1

1.3　认识管道常用连接 2

1.4　认识管道常用附件及设备 1

1.4　认识管道常用附件及设备 2

1.5　认识管道规格

项目二　建筑水暖系统

【项目导读】

大家认识了管道的常用管材、管件及管道附件，现在再来看看长津湖水门桥这四根巨大的管道，是不是不难看出这是四根砼管道，水泥砂浆抹带连接。管道工程组成大部分的就是管子，但除了管子以外，管子在穿墙、穿楼板时怎么处理？与卫生设备怎么连接？不仅如此，我们对整个给排水系统和采暖系统还没有一个完整的认识，其施工顺序又是怎样的？这些工艺不仅施工时要知道，作为一名工程造价管理类的学生，不知道这些，我们所编制的造价又如何准确呢？

★★★★★ 高素质、高技能复合型人才培养 ★★★★★

【知识目标】

1. 掌握生活给水系统的分类、组成及安装构造（套管、支架）等基本知识；
2. 掌握生活排水系统的分类、组成及安装构造（套管、支架、阻火圈）等基本知识；
3. 熟悉热水供应及采暖工程的组成及设备等基本知识；
4. 掌握建筑室内给排水工程的工程图纸识图方法。

【能力目标】

1. 能熟练说出室内给排水工程的组成，指出图纸对应位置；
2. 能熟练说出室内给排水工程安装构造，做出思维导图；
3. 能根据掌握的识图知识识读图纸。

【思政目标】

1. 培养克服困难、不屈不挠、认真谨信的工匠精神；
2. 培养团结协作、友爱互助精神和责任感。

任务一　认识生活给水系统

◆ 任务引入

生活中，大家经常都在使用卫生设备，通过洗手盆使用水资源，卫生设备供水的系统和管道就是给水系统和给水管道，那么它们有什么样的构造和工艺呢？

◆ 任务布置（勾一勾，画一画；议一议，想一想；再背一背，做一做）

1. 勾一勾室内给水系统的分类；
2. 勾一勾并背一背室内给水系统的组成；
3. 勾一勾并背一背给水管道（引入管、干管、立管）的构造（套管、支架）。

◆ 相关知识

一、室内给水系统的分类与组成

1. 室内给水系统的分类

按供水用途和要求的不同，室内给水系统一般分为以下三类。

1）生活给水系统　生活给水系统是指居住建筑和公共建筑内生活上的用水系统。该系统的水质必须符合国家“生活饮用水卫生标准”的要求。

2）生产给水系统　生产给水系统是指专供生产用水的系统，如机械、设备的冷却用水。

3）消防给水系统　消防给水系统是指专供建筑物内消防设备用水的系统。

2. 室内给水系统的组成

室内给水系统主要由引入管、水表节点、室内管道、附件和升压、储水设备组成。如图2-1所示。

1）引入管　引入管也称进户管，是指将室内管道与室外给水管网连接起来的管段。该管段通常为一条（也可多条），与室外给水管网相接处一般设阀门井。

2）水表节点　为了计量室内给水系统总的用水量，需在引入管上装设水表。水表包括水表及其前后的阀门、旁通管、泄水装置等。

3）室内管道　室内管道包括水平干管、立管、支管（水平支管、立支管）等。

4）附件　室内给水系统的附件包括阀门（如截止阀、止回阀、水龙头）、过滤器等。

5)升压和储水设备　升压和储水设备包括水泵、水箱和水塔等。

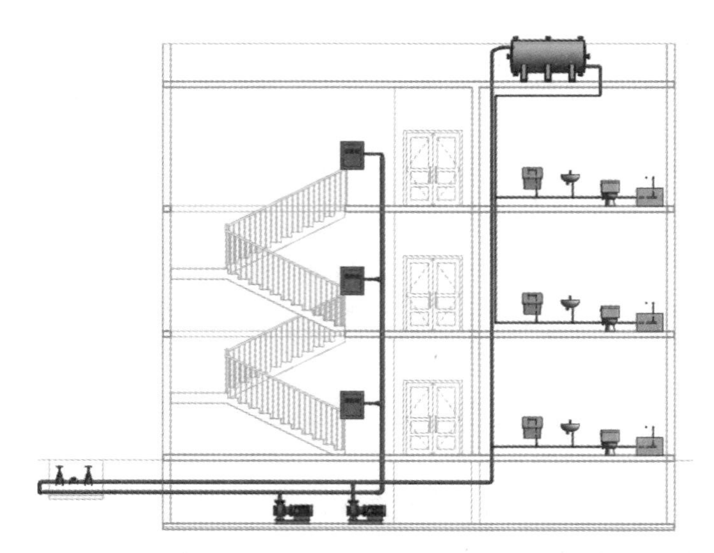

图 2-1　生活给水系统组成图

二、室内给水管道的敷设形式

室内给水管道敷设形式一般为两种,即明装与暗装,如图 2-2、图 2-3、图 2-4 所示。

图 2-2　明装敷设

图 2-3　暗装敷设一

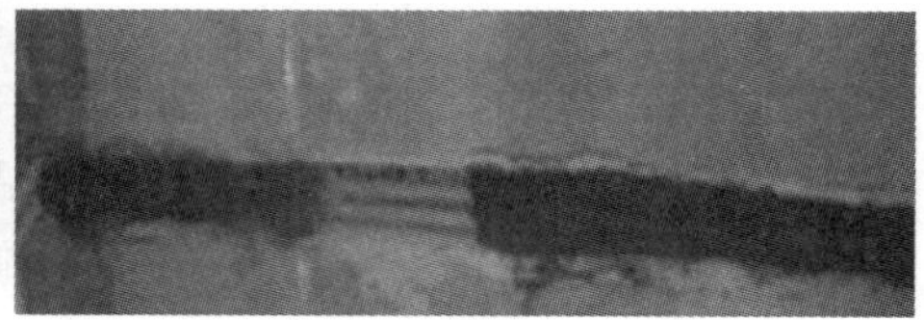

图 2-4　暗装敷设二

明装是指沿建筑结构外表面设置管道。其优点是便于安装、维修、造价低;缺点是影响美观、卫生、管道表面易积灰结露。一般民用建筑和生产厂房常用这种形式。

暗装是指沿建筑结构内部设置管道。优点与明装相反,通常宾馆、高级招待所等美观要求较高的场所和遇水会引起燃烧、爆炸的库房常用这种形式。

三、室内给水管道的安装工艺

1. 管材选用及连接方法

室内给水管道现通常采用无规共聚聚丙烯管(PP-R 管)及其相应管件,主要采用热熔和丝扣连接。

2. 安装工艺流程

工艺流程是：安装前的准备→管道的预制加工→干管安装→立管安装→支管安装→管道的防腐和保温→管道试压→管道冲洗。

3. 管道安装

管道的安装程序一般先安装引入管，再安装水平干管、立管和支管。

安装管子时，如果管子是架空的，应先安装支架，再安装管子。另外管子在建筑物里，需要穿墙和穿楼板等，为了便于管子维修时不破坏建筑结构，规范要求给水管须安装套管。

（1）引入管安装

引入管安装分为直接埋地和地沟敷设（如图 2-5 所示）两种形式。

埋地敷设通常埋深在当地冰冻线以下。对大孔性土地区（如我国西北兰州等地）应采用地沟敷设。

室内地坪 ±0.00 以下管道铺设宜分两阶段进行：先进行地坪 ±0.00 以下至基础墙外壁段的铺设，待土建施工结束后，再进行户外连接管的铺设。

管道在穿基础墙时，一般应设置防水套管，如图 2-6、图 2-7 所示。

图 2-5　地沟敷设

图 2-6　防水套管安装

图 2-7　防水套管

温馨提醒：套管的构造应该从哪些方面了解呢？根据清单规范，套管的特征需从名称类型、材质、规格、填料材质四个方面进行区分，因此大家在认识套管构造时也从这四个方面去了解。

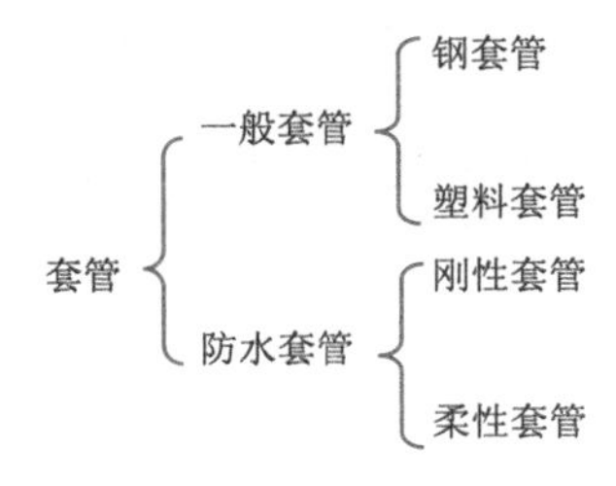

引入管一般设在地坪 ±0.00 以下，因此常用防水套管、钢管。套管规格一般比管子大 1~2 级，填料用石棉绳、塑料带或橡胶等软物填充。

(2)水平干管安装

水平干管铺设在支架上,安装时先装支架,然后铺管。

1)支架安装　冷热水管道支架的最大安装距离见表 2-1。冷热水管共用支架时,应根据热水管支架间距确定。

表 2-1　聚丙烯管冷热水管道支架的最大安装距离(GB 50242—2002)　(mm)

管径		DN20	DN25	DN32	DN40
冷水	水平管	650	800	950	1 100
	立管	1 000	1 200	1 500	1 700
热水	水平管	500	600	700	800
	立管	900	1 000	1 200	1 400

根据 2020 年《四川省建设工程工程量清单计价定额》中的安装定额可把管道支架分为成品管卡与角钢支架。成品管卡支架形式有塑料或扁钢制管卡,如图 2-8、图 2-9 所示。

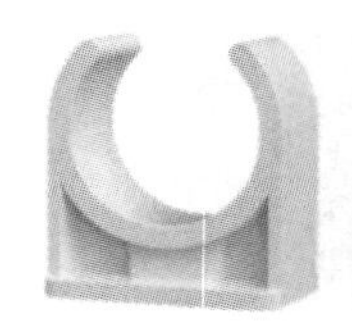
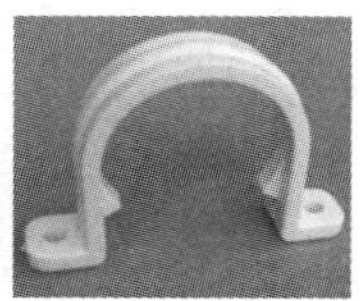

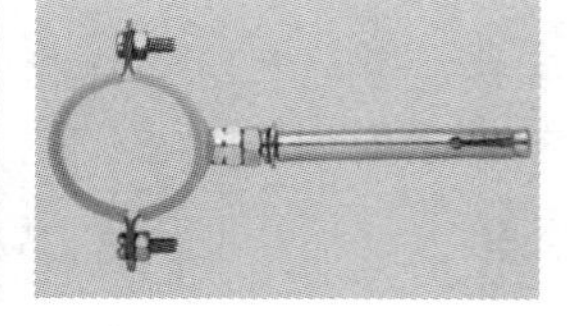

图 2-8　成品管卡

图 2-9　角钢支架

2)套管安装　室内明装管道宜在土建粉饰完毕后进行,安装前配合土建正确预留孔洞或预埋套管,如图 2-10 所示。管道穿墙壁时,配合土建设置一般钢套。

图 2-10　套管安装

3)立管安装　立管靠墙垂直安装,每根立管上设阀门一个。管道穿越楼板时,设置一般钢套管,套管高出地面 20 mm,厨房、卫生间需高出 50 mm,并有防水措施,如图 2-11 所示。管道穿越屋面时,应采取严格的防水措施。穿越前端设固定支架。楼层高度小于等于 5 m 时,每层必须安装一个管卡;大于 5 m 时,每层不得少于两个。管卡安装高度距地面

1.5~1.8 m,两个以上管卡匀称安装,同一房间管卡安装在同一高度上。

图 2-11　套管安装

4)支管安装　支管分为水平支管和立支管两种,直径都比较小,通常沿墙安装。水平支管要求平直,坡度 0.005,坡向立管和用水点,支架形式为塑料或扁钢制管卡。立支管要求垂直,支架形式采用塑料管卡。

请梳理管道安装各部分管子的套管和支架构造,分组讨论后进行课堂分享。

4. 室内给水管道的压力试验

室内给水管道安装完毕后应进行水压试验,室内给水管道的水压试验必须符合设计要求。当设计未注明时,各种材质的给水管道系统试验压力均为工作压力的 1.5 倍,不得小于 0.6 MPa。

检验方法是金属及复合管给水管道系统在试验压力下观测 10 min,压力降不应大于 0.02 MPa,然后降到工作压力进行检查,不渗不漏;塑料管给水系统应在试验压力下稳压 1 h,压力降不得超过 0.05 MPa,然后在工作压力的 1.15 倍状态下稳压 2 h,压力降不得超过 0.03 MPa,各连接处不得渗漏。

5. 室内给水管道的清洗、消毒

①给水管道系统在验收前,应进行通水冲洗,冲洗时不留死角,每个配水点龙头应打开,系统最低点设放水口,清洗时间控制在冲洗出口处排水的水质与进水相当为止。

②生活饮用水系统经冲洗后,还应用 20-30 mg/L 的游离氯水灌满管道进行消毒。含氯水在管中滞留 24 h 以上。

③管道消毒后,再用饮用水冲洗,经卫生管理部门取样检验,水质符合现行国家标准《生活饮用水卫生标准》后方可交付使用。

四、常用给水设备

1. 水表

室内给水系统的水表通常设在两个位置:一是装在引入管上,称为进户水表,计量整个建筑物的有用水量；二是居住建筑的各用户，称为用户水表，以便计取用户水费。

（1）常用水表

目前常用的水表有叶轮式（或旋翼式）和螺翼式两种。叶轮式水表适用测量小流量；螺翼式适用于大管径，测量大流量。在民用建筑中，叶轮式水表使用比较普遍，因其采用螺纹连接，又称螺纹水表。

（2）进户水表安装

进户水表通常安装在防冻、无污染，便于检修、抄表、安全无震动的地方（或专用水表井内）。安装时表盘水平，水流方向依照表体正面箭头标示，如图 2-12、图 2-13 所示。

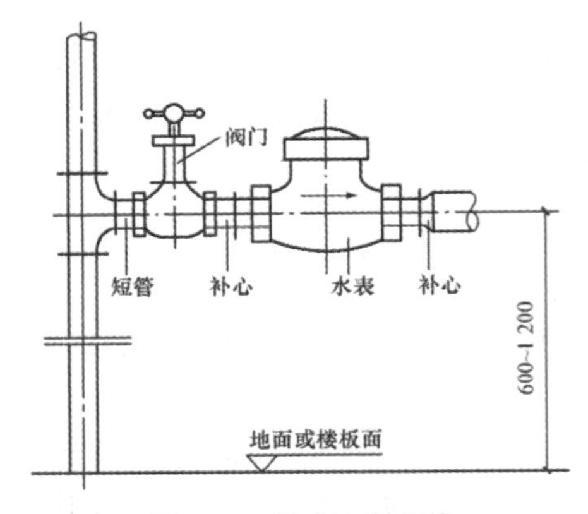

图 2-12　进户水表安装

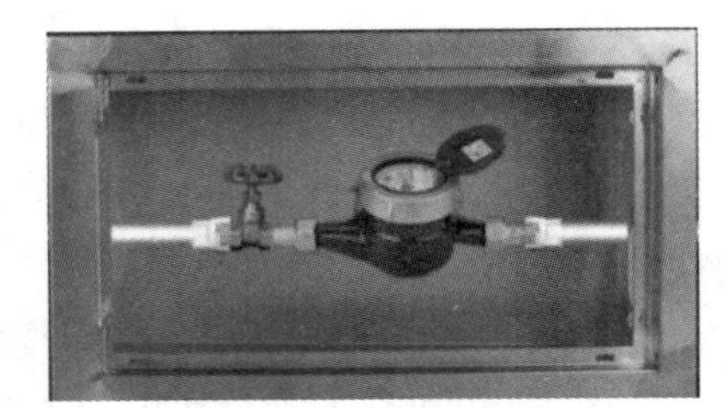

图 2-13　进户水表

（3）水表设置

1）传统方式　在厨房或卫生间用水比较集中处设置给水立管，每户设置水平支管，安装阀门、分户水表，再将水送到各用水点。这种方式的管道系统简单，管道短，耗材少，沿程阻力小，但必须入户抄表。

2）分层方式　将给水立管设于楼梯平台处，墙体预留分户水表箱安装孔洞，如图 2-14 所示。这种方式节省管材，水头损失小，适用于高层住宅。

图 2-14　分层安装水表

3)首层集中方式　将分户水表集中设置在首层管道井或室外水表井,如图 2-15、图 2-16 所示,每户有独立的进户管、立管。这种方式适合于多层建筑,便于抄表,维修方便,但管材耗材量大。

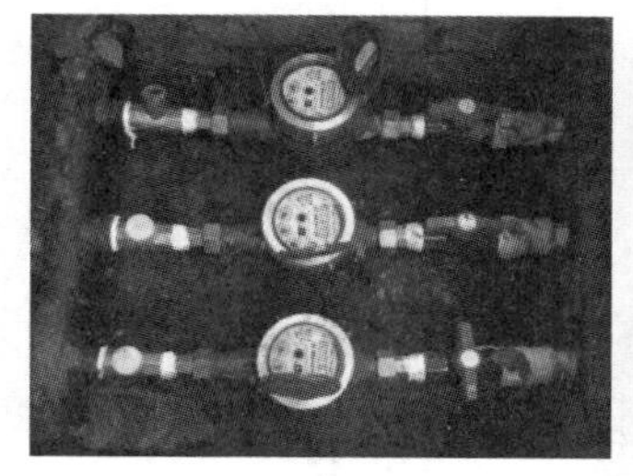

图 2-15　首层集中安装水表(管道井)

图 2-16　首层集中安装水表(室外)

4)远传方式　远传水表为一次水表,发出传感信号,通过电缆线被采集到数据采集箱(又称二次表),采集箱上的数码管显示水表运行状态,记录相关信息。这种方式给水管道布置灵活,节省管材,管理方便。

5)IC 卡计量方式　用户将已充值的 IC 卡插入水表存储器,通过电磁阀来控制水的通断,用水时 IC 卡上的金额会自动被扣除。

几种常用水表如图 2-17 所示。

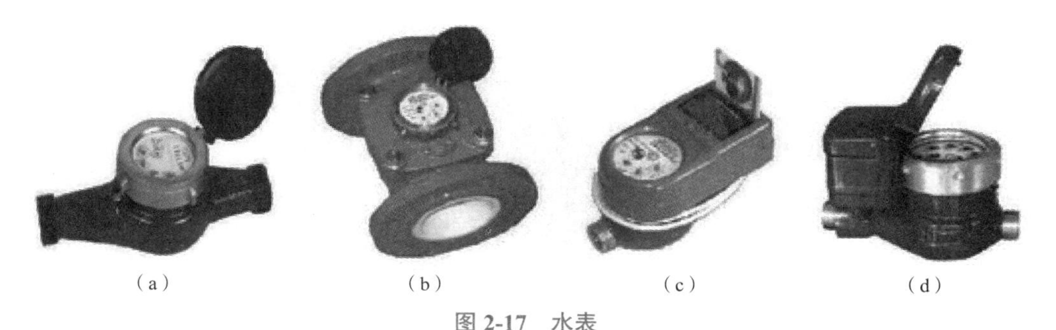

(a)　(b)　(c)　(d)

图 2-17　水表

(a)叶轮式水表　(b)螺翼式水表　(c)IC 卡智能水表　(d)远传式水表

2. 水箱

水箱(如图 2-18 所示)外形有圆形和矩形两种,通常用钢板或钢筋混凝土制作。为保护水质不被污染,水箱应设箱盖,箱顶留通气孔。安装时,水箱与水箱以及水箱与墙面之间的净距大于等于 0.7 m,水箱顶至建筑结构的最低点净距大于等于 0.6 m,以便检修,如图 2-19 所示。

图 2-18　水箱

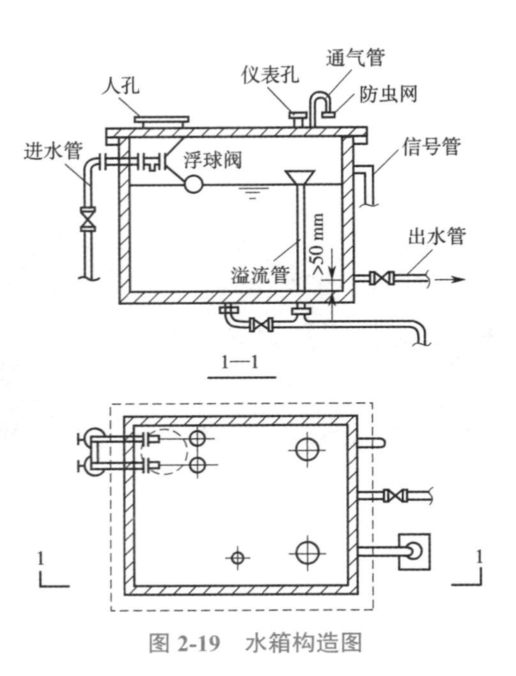

图 2-19　水箱构造图

3. 水泵

水泵（如图 2-20 所示）是给水系统中的主要增压设备。离心式水泵具有结构简单、体积小、效率高、运转平稳等优点，在建筑给水中得到广泛应用。

图 2-20　水泵

◆ 任务实施

完成任务布置，请根据管道构造内容，主要是套管（从材质、长度、直径、填充方面）和支架，分组讨论不同管道（引入管、干管、立管）的具体表现，画出思维导图。

解析：通过阅读和理解任务实施，详读深究教材。

任务二　认识建筑排水系统

◆ 任务引入

生活给水管道向卫生设备供水，卫生设备使用后的废水排出的管道就是建筑排水管道及排水系统，它们又有什么样的构造和工艺呢?

◆ 任务布置(勾一勾，画一画;议一议，想一想;再背一背，做一做)

1. 勾一勾室内排水系统的分类;
2. 勾一勾并背一背室内排水系统的两种组成;
3. 议一议室内排水系统因其特性而独有的构造，再背一背、做一做思维导图。

◆ 相关知识

一、建筑排水系统的分类与组成

1. 室内排水系统的分类

按排出污水性质的不同，室内排水分为生活污水、生产污(废)水和房屋雨水三类。室内排水系统主要是指生活污水排水系统。

①生活污水排水系统排出日常生活中产生的洗涤、粪便等污水。

②生产污(废)水排水系统排出企业在生产过程中产生的污水和废水。污水含酸、碱，对人体伤害很大;废水不含酸、碱，对人体伤害稍小。

③房屋雨水排水系统排出屋面的雨水或雪水。

2. 室内排水系统的组成

室内排水系统的组成如图 2-21 所示。

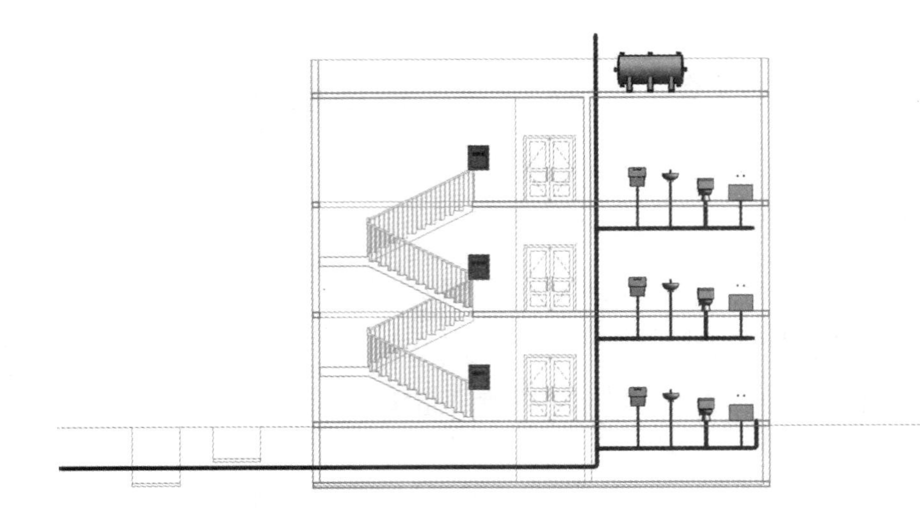

图 2-21　室内排水系统的组成

（1）按位置分类

按室内排水系统各部分的位置可以分为以下几类。

①卫生器具，指洗脸盆、浴盆，大、小便器，污水池等。

②排水支管，指由卫生器具排出口至排水干管的管段，分为水平支管与立支管（也称为楼层器具排水立支管），常在卫生器具的排出口设存水弯，存水弯起水封作用，防止害虫及浊气进入室内。存水弯的安装位置：一是用于大便器、地漏等大口径的存水弯，一般安装在地面（或楼板面）以下；二是用于洗脸盆、洗菜盆等小口径的存水弯，因其容易堵塞，为便于检查、清通，小口径存水弯应安装在本层地面（或楼板面）以上。

③排水干管，也称排水横管，是与第一个卫生器具排水支管相接的三通起至排水立管三通（或四通）止的管段。该管段的作用是将各排水支管的污水汇流后排至立管，应在其始端装设清扫口，以检查疏通管段。

④排水立管，指由建筑物的顶层排水干管与其相接的三通（或四通）中心点起至底层出户大弯中心点的垂直管段。应在排水立管上每层设置检查口，以检查疏通立管段。

⑤透气管，也称通气管，它是排水立管的延伸，是排水立管最高点的三通（或四通）起至屋顶外通气帽（或镀锌铁丝球）止的垂直管段。设置透气管的目的是防止排水管道系统内、外大气压不平衡，管内产生真空（负压）而破坏存水弯的水封，向室外排放浊气。所以，透气管应伸出屋顶与大气相通，为防止杂物落入管内，管顶装设通气帽。

⑥排出管，指由排水立管底的出户大弯中心点起至室外第一个下水井止的管段。排出管与排水立管相接的弯头，采用出户大弯，不能用 90° 弯头代替，主要目的是污水自流，防止堵塞。

排水管是重力式管道，因此排水管和给水管具有不一样的特征，例如容易堵塞、需要大气平衡，针对这些特征按位置所分的建筑排水系统的每一个位置的排水管都有一个特别需要注意的知识点，请大家找出来并记忆。

（2）按功能分类

按室内排水系统各部分的功能可以分为以下几类。

①卫生器具和生产设备的受水器。

②排水管道，包括排水立管、干管、支管、透气管、排出管等。

③清通设备，主要包括检查口、清扫口和检查井。检查口是一个带盖板的开口短管，安装在排水立管上，如图 2-22 所示，安装高度从地面至检查口中心为 1.0 m。清扫口一般设在排水横管上，清扫口（如图 2-23 所示）顶与地面相平。横管始端的清扫口与管道垂直的墙面距离不得小于 0.2 m。当采用管堵代替清扫口时，为了便于清通和拆装与墙面的净距不得小于 0.4 m。埋地管道上的检查口应设在检查井内，检查井直径不得小于 0.7 m，如图 2-24 所示。

图 2-22　立管检查口

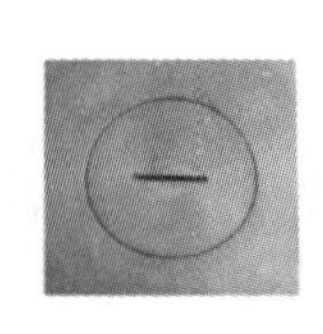

图 2-23　清扫口

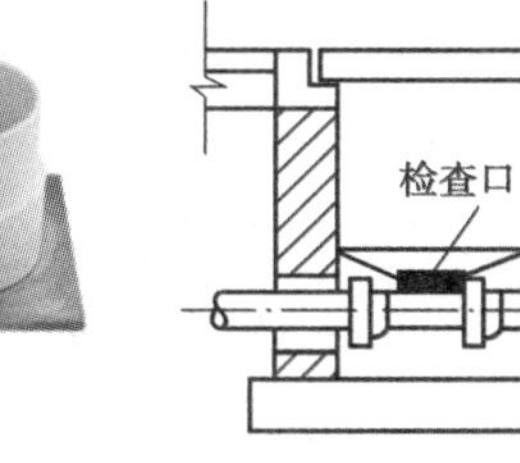

图 2-24　检查井

④通气管道，包括伸顶通气管、专用通气管、主通气管、副通气立管、环形通气管、器具通气管、结合通气管，如图 2-25 所示。

⑤污、废水的提升设备。民有和公共建筑的地下室、人防建筑、消防电梯底部集水坑内以及工业建筑内部标高低于室外地坪的车间和其他用水设备房间排放的污、废水，不能自流至室外检查井时，必须提升排出，以保持室内良好的环境卫生。建筑内部污、废水提升包括污水泵、排水泵房、污水集水池等。

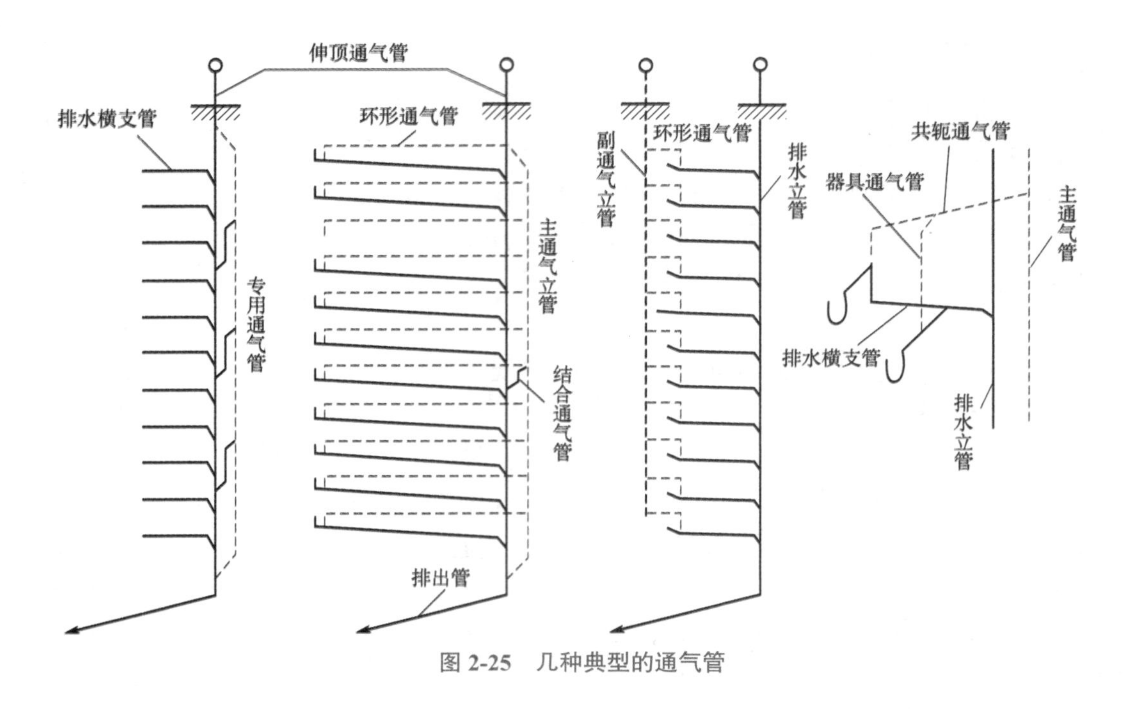

图 2-25　几种典型的通气管

二、建筑排水管道的安装工艺

1. 管材选用及连接方法

目前,室内排水管道的管材有两种,现通常采用塑料排水管(PVC-U 管承插式)及其相应管件,胶粘连接,如图 2-26 所示;另一种是排水铸铁管(承插式),以油麻、水泥(或石棉水泥)为填料,捻口连接或承插胶圈连接,铺设室内排水管道时,排水承口均应向着来水流方向(透气管的承口向上),如图 2-27 所示。

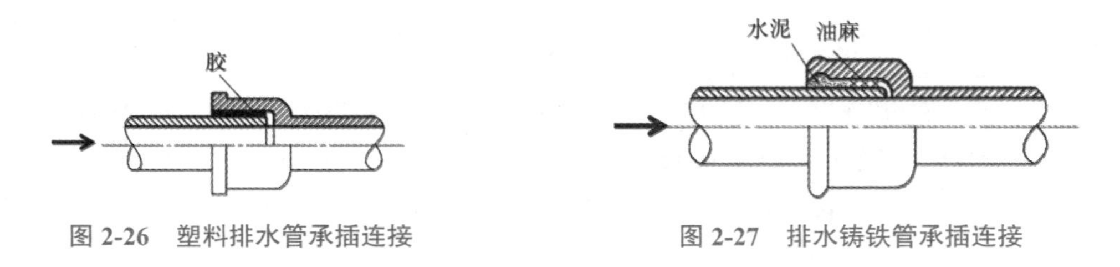

图 2-26　塑料排水管承插连接　　图 2-27　排水铸铁管承插连接

2. 安装顺序

排水管道的安装顺序:安装前的准备→排出管安装→立管安装→排水横管安装→支管安装→楼层器具排水支管安装→卫生器具安装→通水试验。

3. 管道安装

一般安装顺序为先安装排出管,再安装立管、干管、支管及透气管。

排水管与给水管一样，安装时需考虑支架和套管，支架形式与给水管相同，但按规范排水管宜设套管。同时，因为排水管重力式管子的特性，其构造除已知的支架和套管外，还具有其他和给水管不一样的构造。

（1）排出管安装

排出管通常为埋地敷设，埋深为当地冷冻线下，而大孔性土地区（如我国西北兰州等地）应采用地沟铺设。排出管安装完后，应进行灌水试验，经检查合格后方可回填（或盖沟盖板）。

请想一想直埋排出管的套管构造，再探讨一下相关支架。

（2）排水立管安装

排水立管一般位于厕所或厨房一角，垂直安装。出屋面的通气管，当设计无要求时应符合以下规定。

①排气通气管不得与风道或烟道连接，通气管高出屋面 300 mm，必须大于最大积雪厚度。

②通气管出口 4 m 以内有门窗时，通气管应高出门窗顶 600 mm 或引向无门窗一侧。

③经常有人停留的平屋面顶上，通气管应高出屋面 2 m，出屋面的金属管道应与防雷装置相通（防止雷击）。

对一般屋面，通气管伸出屋面通常取 0.7 m，对综合屋面，通气管伸出屋面通常取 1.8 m。

（3）阻火圈

为防止火灾发生时，火势随高层建筑管径大于 110 mm 的立管穿越楼板时及横管穿越防火墙时，须设置阻火圈或防火套管，如图 2-28、图 2-29、图 2-30 所示。

图 2-28　阻火圈

图 2-29　阻火圈安装

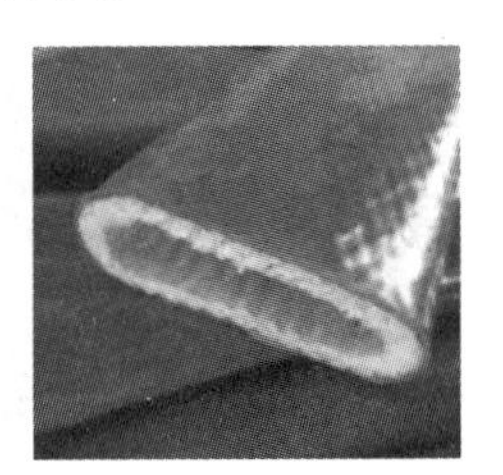

图 2-30　防火套管

排水管道通常是排水铸铁管和 PVC-U 塑料管，由于塑料管不耐燃且排水管为常空状态，对塑料排水管来说，必须增加阻火圈。PVC-U 排水管材的机械强度比铸铁管低，膨胀系数为铸铁管的 6~8 倍。因此，在排水立管和较长的悬吊横干管上，应安装伸缩节，以解决管道的伸缩问题，如图 2-31 所示。

图 2-31　伸缩节

（4）套管

穿楼板处一般要求设钢套管（或带翼钢套管），内填塑料等软填物，套管顶部应设置高出地面 20 mm，厨房、卫生间需高出 50 mm 的阻水圈，如图 2-32 所示。

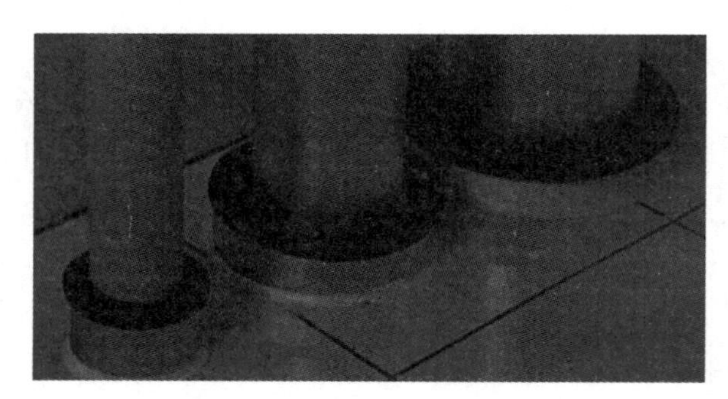

图 2-32　穿楼板套管

现住宅常采用下沉式卫生间，排水管道穿楼板时可以安钢套管，如图 2-33 所示，也可采用楼面塑料止水环，如图 2-34 所示。

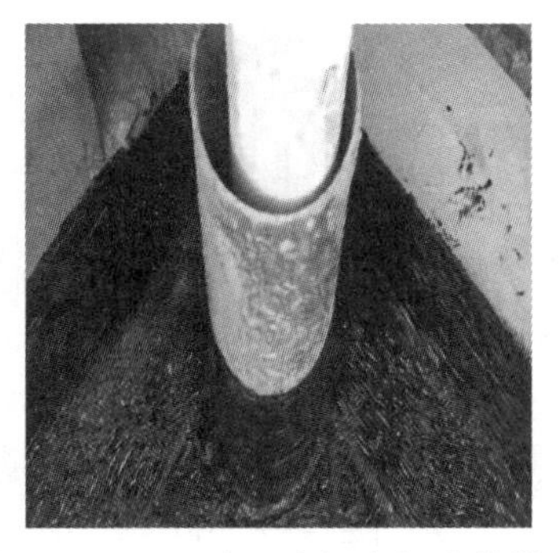

图 2-33　下沉式卫生间安钢套管做法

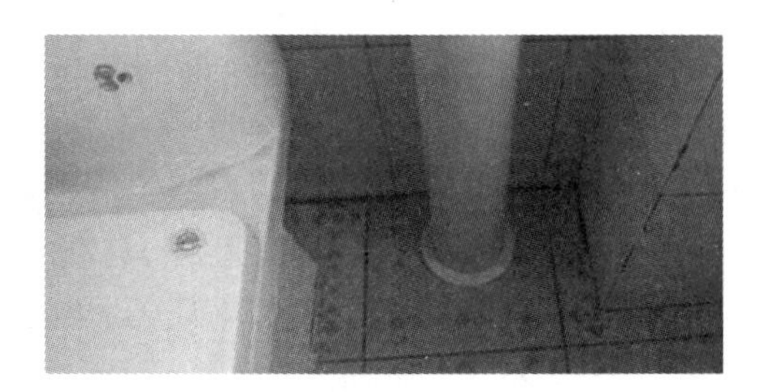

图 2-34　下沉式卫生间楼面塑料止水环做法

规范中给水系统穿墙、穿楼板必须设套管，排水系统穿墙、穿楼板宜设套管，所以排水管不是必须设套管，具体做法需看设计图纸要求。

试问排水管穿墙、穿楼板时有哪些做法？请分组讨论并互相分享。

（5）支架

1）立管安装　对于铸铁排水管，每层楼设角钢支架一个，用以控制管道的膨胀伸缩方向和分担立管的自重，但该管卡只起定位作用，不能将管身箍得太紧，与管身之间留有缝隙，便于管道在使用中伸缩。对于 PVC-U 塑料排水管，一般用塑料管卡，也有用金属管卡的。立管管卡间距不超过 3 m，当楼层高度不超过 4 m 时，立管上可设一个管卡，管卡距楼（地）面 1.5~1.8 m，管卡应设在承口上面，同一房间的支架应设置在同一高度。其最大间距见表 2-2。

表 2-2　塑料排水管道最大间距　（m）

公称外径（mm）	50	75	110	125	160
立管	1.2	1.2	2.0	2.0	2.0
横管	0.5	0.75	1.10	1.30	1.60

2）排水干（横）管安装　通常采用底层埋地或地沟敷设，二层及以上铸铁管多采用角钢支架沿墙架空铺设，间距不大于 2 m；塑料管一般为塑料吊卡或金属吊卡铺设，间距如表 2-2 所示。

3）排水支管安装　通常采用底层埋地或地沟敷设，二层及以上多采用吊卡架空铺设，吊卡间距铸铁管不大于 2 m，塑料管间距如表 2-2 所示。

三、卫生器具

卫生器具是建筑内部排水系统的起点，用来满足日常生活和生产过程中的各种卫生要求，收集和排出污废水的设备。卫生器具按其用途可分为便溺卫生器具（大便器、小便器、小便槽等）、盥洗卫生器具（洗脸盆、盥洗槽、浴盆、淋浴器、净身盆等）、洗涤卫生器具（洗涤盆、污水池、化验盆等）和其他卫生器具（地漏、水封等）。

1）便溺卫生器具（大便器、小便器、小便槽等） 大便器型式有蹲式大便器和坐式大便器两种，冲洗方式有瓷高水箱、瓷低水箱、普通阀冲洗、手压阀冲洗、脚踏阀冲洗、自闭阀冲洗等。小便器根据型式分为挂斗式、立式，冲洗方式分为普通冲洗、自动冲洗，按联数分为一联、二联、三联等，如图 2-35、图 2-36、图 2-37 所示。小便槽有成品设备，也有土建修建的，如图 2-28、图 2-39 所示。

图 2-35 蹲式大便器

图 2-36 坐式大便器

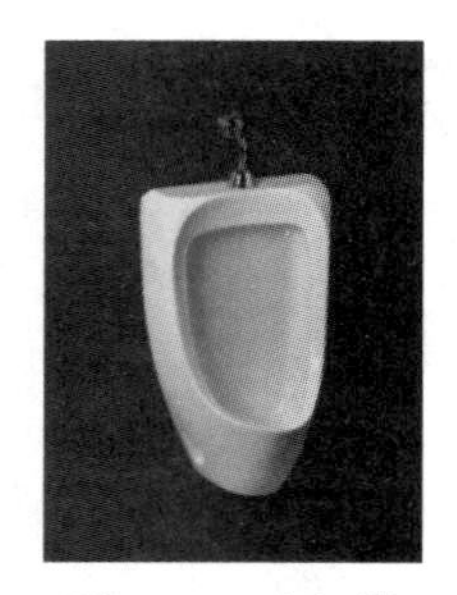

图 2-37 小便器

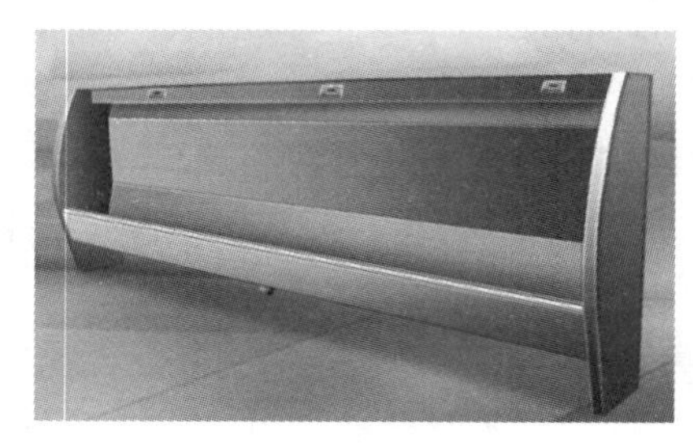

图 2-38 成品小便槽

图 2-39 土建修建小便槽

2）盥洗卫生器具（洗脸盆、浴盆、淋浴器等） 洗脸盆开启方式有手动开关、脚踏开关、感应开关等。浴盆根据材质及供水种类分为搪瓷、玻璃钢、塑料、冷水、冷热水、冷热水带喷头等。淋浴器通常是由冷、热水干管、立管和莲蓬头等组成，材质有钢管、铜管，供水种类有冷水、冷热水，如图 2-40、图 2-41、图 2-42 所示。

图 2-40　洗脸盆

图 2-41　浴缸

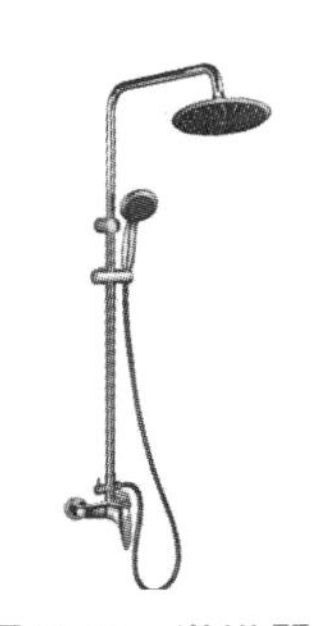
图 2-42　淋浴器

3）洗涤卫生器具（洗涤盆、污水池等）　洗涤卫生器具如图 2-43、图 2-44 所示。

图 2-43　洗涤盆

图 2-44　污水池

4）其他卫生器具（地漏等）　地漏分为铸铁和铝合金（材质）两种。目前，多采用铝合金地漏，它由一节短管、外壳和篦子组成，如图 2-45 所示。常用直径有 DN50、DN75 和 DN100 三种，通常安装在厨房、厕所、洗脸间等地面上，以排除地面积水。安装时，地漏应位于房间最低处，且篦子面要低于周围地面 20 mm。

图 2-45　地漏

四、屋面雨水排水系统

设置屋面雨水排水系统的目的是为了排除屋面的雨水或雪水。

1. 屋面雨水排水系统的分类

屋面雨水排水系统通常分为内排水系统和外排水系统两大类。内排水系统适用于厂房和平屋顶的高层建筑。外排水系统分为天沟外排水系统和落水管外排水系统两种。天沟外排水系统适用于多跨厂房。落水管外排水系统适用于居住建筑和屋面面积较小的公共建筑等。

2. 屋面雨水排水系统的安装

通常采用承插式塑料排水管及其管件(胶粘)或排水铸铁管及其管件(接口填料为石棉水泥)。落水管的管径一般为 DN75 和 DN100 两种。安装时,篦子立放于女儿墙的内侧,其底边应低于该处屋面(以利于排除屋面雨水)。篦子至雨水斗设 90° 弯头一个。雨水立管靠墙垂直安装,采用塑料排水管时,用塑料管卡或钢管卡;采用铸铁管时,一般用角钢悬臂式支架,如图 2-46 所示。

图 2-46 雨水管

五、室内排水系统的灌水试验

室内排水系统安装完毕后,应分系统进行灌水(也称为闭水)试验。试验时,灌水至规定高度后停 20~30 min 进行检查、观察,液(水)面不下降、不渗漏为合格。试验完毕后及时将水放净(以防冬季负温时冻裂管道)。

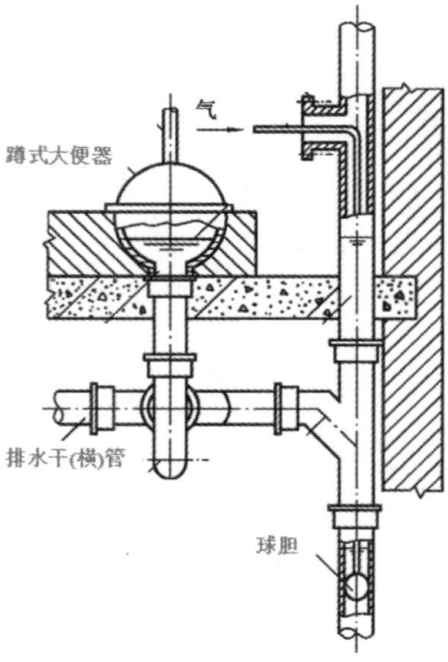

1. 生活污水系统灌水试验

生活污水系统应分层进行试验,灌水高度以一层建筑的高度为准。底层灌水试验时,先将室外检查井内排出管的管端封堵,然后向管道内灌水至底层大便器下水口满水。楼层灌水试验时,灌水试验需逐层进行,试验时先打开本层的立管检查口,将球胆由此放入到排水立管的适当位置(使水柱高度与底层试验时的水柱高度相等),再向球胆内充气至 0.10~0.20 MPa(此时球胆形成塞子),然后向本层管道内灌水至大便器下水口满水,如图 2-47 所示。

蹲式大便器

气

排水干(横)管

球胆

图 2-47 楼层灌水试验

2. 屋面雨水系统灌水试验

屋面雨水系统试验时先将其立管下端封堵，然后向管道内灌水至最高点雨水斗满水。

◆ 任务实施

完成任务布置，请根据排水管道构造特征（排出管、透气管、阻火器、套管、支架），分组讨论，画出思维导图。

解析：通过阅读和理解任务实施，详读深究教材。

任务三　认识热水供应系统

◆ 任务引入

随着社会经济的发展和生活水平的日益提高，单纯的冷水供应已不足以满足人们的需求，饭店、宾馆、医院、大型公共建筑等越来越多地使用热水供应系统。热水供应系统是什么？本任务将带领大家了解并熟悉它。

◆ 任务布置（勾一勾，画一画；议一议，想一想；再背一背，做一做）

1. 勾一勾热水供应系统的分类；
2. 画一画热水供应系统的组成。

◆ 相关知识

一、热水供应系统的分类

建筑内部热水供应系统按热水的供应范围分为局部热水供应系统、集中热水供应系统和区域热水供应系统。

①局部热水供应系统是采用各种小型加热器（电加热器、小型燃气热水器、太阳能热水器等）在用水场所就地或附近加热，供局部范围内一个或几个配水点使用的热水系统。

②集中热水供应系统是在锅炉房、热交换站或加热间将水集中加热后，通过热水管网输送至整幢或几幢建筑的热水系统，适用于热水用量较大、用水点比较集中的建筑，如旅馆、医院、体育馆、游泳池及规模较小的住宅小区。

③区域热水供应系统是在热电厂、区域性锅炉房或热交换站将水集中加热后，通过市政

热力管网输送至整个建筑群、居民区或整个工业企业的热水系统，适用于热水供应建筑多且集中的城镇住宅区、大型工业企业等。

二、热水供应系统的组成

热水供应系统是指水的加热、储存和输配总称。其任务是按设计要求的水量、水温和水质随时向用户供应热水。一般由热源供应系统、加热设备和热水储存设备、管道、附件等组成。

（1）热源供应系统

热源供应系统主要是指锅炉房锅炉、城市集中供热网，工业余热、废热、地热等也可作为热源。

锅炉生产的蒸汽（或热水）通过热媒管网输送到热交换器（加热设备）中，经过热交换后的冷水和冷凝水，靠余压回到冷凝水池，冷凝水和新补充的软化水经过冷凝水循环泵送回锅炉，加热为蒸汽（或热水），如此循环完成热传递，如图2-48所示。

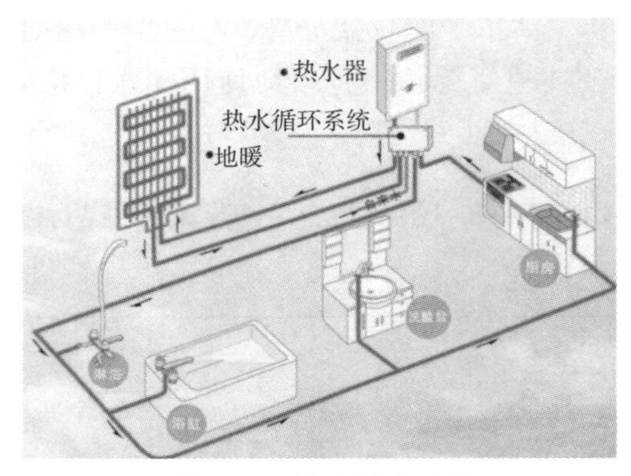

图2-48　热水供应系统

（2）加热设备和热水储存设备

系统加热器是靠锅炉进行热交换，常用的有容积式热交换器（如图2-49所示）、管式换热器、螺旋式换热器。局部加热设备可直接向热水供应系统加热，如电热水器、燃气热水器、太阳能热水器。

图2-49　容积式热交换器

热水储存设备用于储存热水。冷水加热后，水的体积膨胀。若热水系统是密闭的，在卫生器具不用水时，膨胀水量必然会增加系统的压力，有胀裂管道的危害，必须设置膨胀罐或闭式膨胀水箱。

（3）管道

管道分为冷水供应和热水供应管道系统。加热器所需冷水由高位水箱或给水管网补给，被加热到设定温度的热水，从加热器出口经配水管网送至各个热水配水点，为保证配水点的水温，需设置回水管，使一定量的热水流回加热器重新加热，以补偿配水管网的热损失。

（4）附件

由于热媒系统和热水供应系统控制、连接和安全的需要使用一些附件，如减压阀、疏水器、自动排气阀、自动温度调节装置、管道补偿器、安全阀。

①减压阀：其工作原理是流体通过阀体内的阀瓣产生局部能量损失从而减压，常用的减压阀有活塞式、膜片式、波纹管式三种。

②疏水器：为保证热媒管道汽水分离，蒸汽畅通，不产生汽水撞击、管道振动、噪声，延长设备使用寿命。用蒸汽作热媒间接加热的加热器、开水器的凝结水管道上应设置疏水器；蒸汽立管最低处、蒸汽管下凹处的下部宜设置疏水器。工程中，常用的疏水器有吊桶式疏水器和热动力圆盘式疏水器。

③自动排气阀：水在加热过程中会逸出原溶于水中的气体和管网中热水汽化的气体，如不及时排出，这些气体不但会阻碍管道内的水流，加速管道内壁的腐蚀，还会引起噪声、振动。自动排气阀必须垂直安装在管网的最高处。

④观测和调节装置：为了便于观测加热器、储水器等的水温，应装设温度计；有压设备，如锅炉、闭式加热器等应装设压力表。

⑤补偿器：用于补偿热水管道因热胀而产生的内应力，避免管道弯曲、破裂或接头松动，确保管网安全。主要形式有自然补偿、方型、套筒式、波纹管式。

太阳能热水系统是利用太阳能集热器采集太阳热量，在阳光的照射下使太阳的光能转化为热能。太阳能能量巨大且无污染，绿色环保。太阳能产品有太阳能热水器、太阳能灶具、太阳能灯、太阳能循环管汽车和太阳能低温地板辐射采暖等。

太阳能热水供应系统由平板集热器、贮热器、循环管路、热水和热水出水系统、辅助装置等组成。其工作原理是利用对阳光吸收率较高的优质材料制成真空集热管或反射板构成集热器，通过辐射和导热等方式将吸收的热量传递给集热管内的水，水加热后，通过水循环将热量直接或间接地用于室内热水供应系统，如图 2-50 所示。

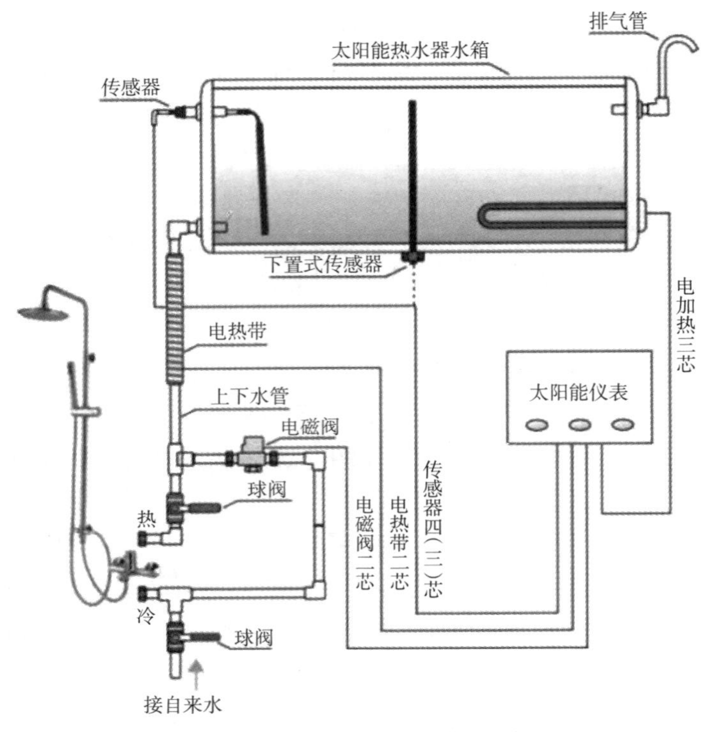

图 2-50 太阳能热水供应系统

◆ 任务实施

完成任务布置，请根据热水供应管道构造特征，分组讨论，画出思维导图。

解析：通过阅读和理解任务实施，详读深究教材。

任务四 认识采暖工程

◆ 任务引入

北方的冬天极其寒冷，没有采暖工程将无法保证人们正常的工作和生活，随着人们物质生活水平的逐渐提高，南方也出现了许多采暖设备。采暖工程是什么？本任务将带领大家了解并熟悉它。

◆ 任务布置（勾一勾，画一画；议一议，想一想；再背一背，做一做）

1. 勾一勾采暖系统的几种分类；
2. 勾一勾采暖系统的组成；
3. 勾一勾采暖设备及附件的名称及作用；
4. 议一议热水采暖、蒸汽采暖和地板辐射采暖的特征。

◆ 相关知识

一、采暖系统的分类

1. 按供暖范围分类

按供暖范围的不同，采暖系统分为局部供暖系统、集中供暖系统和区域供暖系统。

局部供暖系统是指热源、供热管网和散热设备连成一个整体，使局部区域或工作地点保持一定温度而设置的采暖系统。以煤火炉、燃气炉、电加热器等作为热源，作用于分散平房或独立小楼。

集中供暖系统是指热源和散热设备分别设置，用供热管网将它们连接起来，以锅炉房为热源，由一个热源向多个热用户供给热量的采暖系统。热源远离供暖房间，作用于一栋或几栋建筑物。

区域供暖系统是指城市的某个区域集中供暖的采暖系统。它由一个大型热源（如热电厂、热力站或大型锅炉房）通过区域性的供热管网，供给整个区域乃至整个城市的许多建筑物生活和生产等用热。这种供暖系统的作用范围广、城市污染少，是城市供暖的发展方向。

2. 按热媒种类分类

按热媒种类的不同，采暖系统分为热水采暖系统、蒸汽采暖系统、烟气采暖系统和热风采暖系统。

热水采暖系统的热媒是热水，利用水的显热来输送热。分低温热水采暖系统（供水温度 95 ℃，回水温度 70 ℃）和高温热水采暖系统（供水温度为 96~130 ℃，回水温度 70 ℃）。低温热水采暖系统适用于室内建筑，高温热水采暖系统宜在生产厂房中采用。

蒸汽采暖系统的热媒是蒸汽，利用水的潜热来输送热。分低压蒸汽采暖系统（蒸汽的工作压力小于等于 70 kPa）、高压蒸汽采暖系统（蒸汽的工作压力大于 70 kPa）和真空蒸汽采暖系统（蒸汽的工作压力小于 1 个标准大气压）。蒸汽采暖系统适用于工业用蒸汽为主的工业建筑。

烟气采暖系统的热媒是燃料燃烧时产生的烟气，利用烟气的热量带给散热设备的供暖系统，如火炕、火墙。

热风采暖系统的热媒是热空气，利用热风炉输出热风（空气加热到适当温度，一般为35~50 ℃）直接送入采暖房间，如暖风机、热空气幕。

3. 按照循环动力分类

按照循环动力的不同，采暖系统分为自然（重力）循环系统和机械循环系统。

自然（重力）循环系统是靠热媒本身因温差产生的密度差作为循环动力。

机械循环系统是以循环水泵提供的压力作为循环动力。

二、采暖系统的组成

采暖系统主要由热源（热媒）、热网（热媒输送）及散热设备（热媒利用）组成。采暖系统的任务是将热源（锅炉）所产生的热量通过室外供热管网输送到建筑物内，通过末端的散热设备向室内补充热量，以满足室内生活、生产的需要。

1. 热源

热源是提供热量的设备，目前应用最广泛的热源是锅炉房、热力站和热电厂，地热、核能、太阳能、电能、工业余热也可作为采暖系统的热源，常用热媒是水、蒸汽和空气。

2. 热网

热网是热源和散热设备之间的管道，热媒通过它将热量从热源向热用户输送和分配。供热管网分为室外和室内，也可以将供热管网分为供、回水管网，供水管网是由热源到散热设备之间的连接管道，回水管网是指经散热设备返回热源的管道。

3. 散热设备

散热设备是将热量有效地散发到采暖房间的设备，如散热器（暖气片）、辐射板。

三、散热设备及附件

1. 散热器

散热器（如图 2-51 所示）安装在室内，将流经它的热媒所带来的热量传导、释放至采暖房间，是常用末端散热设备。

图 2-51　散热器

散热器按材质可分为铸铁、钢、铝、铜以及复合材料等；按其结构形式分为柱型、翼型、管型、板型等；按其传热方式分为对流型和辐射型。

铸铁散热器相对钢制散热器具有结构简单、耐腐蚀、使用寿命长、热稳定好、价格便宜等优点。钢制散热器相对铸铁散热器具有金属耗量少、传热系数高、承压强度高、外形美观整洁、占地小、便于布置的特点。铝制散热器热工性能好、质量小、承压能力高，但造价高、碱腐蚀严重。复合型散热器分为铜铝复合散热器、钢铝复合散热器、不锈钢铝复合散热器，兼具不同材质的优点，只是不同材质热膨胀系数不一致会产生热阻，出现散热量递减的情况。

选用散热器应根据建筑物用途、安装位置、承受压力大小、美观与协调、经济等方面进行综合考虑。

散热器是怎么传导热量的?

柱型散热器的柱型形状为矩形片状（散热片），中间有几根中空的立柱，各立柱的上、下端相通，顶部和底部各有一对带正、反螺纹的孔，该孔为热介质的进出口，热媒流经进出口，通过散热片将热量辐射到采暖房内，如图 2-52 所示。

图 2-52　散热器安装

2. 热量表

计量供暖收费主要是通过热量表这种机电一体化仪表测量水流量及供水和回水温度，经运算得出某一系统所使用热量。分户计量方法一种是在各组散热器上设置分配表，在楼栋热力入口处设置楼栋热量总表，再通过安装在每组散热器上的热分配计进行用户热分摊，一种是通过户用热量表进行用户分摊，除此之外还可通过测量散热器进出口温差、阀门接通时间等方法进行用户计量。

3. 阀门

采暖系统中常用的阀门有关断阀、止回阀、调节阀、安全阀及平衡阀。

调节阀是用于调节和控制介质流量、压力和温度的阀门，例如安装在散热器入口管上的温控阀可根据室温与给定温度之差自动调节热媒流量的大小，是一种自动控制散热器散热量的设备，如图 2-53 所示。

图 2-53　温控阀

平衡阀（如图 2-54 所示）是因为热介质在管道或容器的各个部分存在较大的压力差或流量差，为减小或平衡该差值，在相应的管道或容器之间安设的阀门，用以调节两侧压力的相对平衡，或通过分流的方法达到流量的平衡。平衡阀可有效保证管网静态水力及热力平衡。它安装于小区室外管网系统中，能有效消除小区个别住宅温度过高或过低现象。所有要求保证流量的管网系统都应该设置平衡阀，安装在供水或回水管上，可不再设其他起关闭作用的阀门。

图 2-54　平衡阀

4. 排气装置

建筑采暖系统运行时会产生大量气体，若管道中的气体不及时排出，容易在系统中形成气堵，阻碍水的通行，常用的排气装置有手动集气罐、自动排气阀、手动放气阀等。

手动集气罐可用钢管焊接而成，通常安装在系统末端的最高点。当热水进入集气罐内，由于罐体直径大于管道直径，故流速迅速降低，水中气泡便自动浮出水面，聚集在气罐上部，需要定期手动打开放气管上的阀门进行排气。

自动排气阀通常安装在供水干管末端，依靠水对物体的浮力，自动启闭阀体的排气出口，达到排气和阻水的作用。

手动放气阀又称跑风门、冷风阀，安装在散热器的上端，需要定期打开手轮排除散热器内聚集的空气。

5. 除污器(或过滤器)

除污器一般设置于供暖系统的入口调压装置前或各设备入口前,它的作用是过滤管路内水中的泥砂等,确保系统内水质的洁净,防止堵塞管路及附件。

6. 疏水器

疏水器适用于蒸汽采暖系统,能自动阻止蒸汽溢漏,迅速排出设备及管道中的凝结水,能够同时排出系统中积留的空气和其他不凝性气体。疏水器是蒸汽采暖系统中重要的设备。

7. 膨胀水箱

在热水采暖系统中,膨胀水箱容纳系统中因温度变化而引起的膨胀水量,恒定系统压力及补水,起调节水量、稳定压力和排除系统中的空气等作用,是暖通专业重要的设备之一。膨胀水箱设置在系统的最高点,一般用钢板焊制而成,外形有矩形和圆形,矩形水箱使用较多。膨胀水箱上的配管包括膨胀管、循环管、信号管、溢流管、排水管、补水管等。为安全起见,膨胀管、循环管、溢流管上均不得装设阀门;排污管上应设阀门,可与溢流管连通并一起引向排水管道;信号管只允许在检查点处装设阀门,以检查水箱水位是否已降至最低水位而需补水;补水管上设置浮球阀,根据水位高低决定开启或者关闭给水。

8. 分水器、集水器和分汽缸

从总管接出两个以上分支环路时,考虑各环路之间的压力平衡和流量分配,宜用分汽缸、分水器和集水器。分汽缸用于供汽管路,分水器用于供水管路,集水器用于回水管路。它们一般安装压力表和温度计,并保温。分汽缸上应安装安全阀,其下应设置疏水装置。

9. 减压器

减压器的作用是对蒸汽进行节流,以达到减压的目的,来满足不同用户对蒸汽参数的要求。

四、热水采暖系统的组成及其特征

热水采暖系统一般由热水锅炉、散热器、供水管道、回水管道和膨胀水箱等组成。它是以水作为热媒的采暖系统,广泛用于居住和公共建筑及工业企业厂房,按热媒参数分为低温热水系统(供水温度低于 100 ℃)和高温热水系统,按系统循环动力分为自然循环系统和机械循环系统,按系统的每组主管根数分为单管和双管;按系统的管道铺设方式分为垂直式和水平式。

热水采暖系统的热能利用率高,输送时无效热损失较小,散热设备不易腐蚀,使用周期长,且散热设备表面温度低,符合卫生要求,系统操作方便,运行安全,易于实现供水温度的集中调节,系统蓄热能力高,散热均匀,适于远距离输送。

五、蒸汽采暖系统的组成及其特征

蒸汽采暖系统一般包括蒸汽锅炉、供水总立管、蒸汽干管、蒸汽立管、散热器、疏水器、凝水立管、凝水干管、凝结水箱、水泵、控制附件等。

水在锅炉中被加热成具有一定压力和温度的蒸汽，蒸汽依靠自身的压力通过管道流入散热器，并在散热器内放热后变成凝结水；凝结水依靠重力经疏水器沿凝结水管道返回凝结水箱，再由凝结水泵送回锅炉加热，如此反复循环。

六、地板低温辐射采暖系统

地板低温辐射采暖是一种建筑节能技术，采用低温热水为热媒，通过预埋在建筑物地板内的加热管辐射散热的采暖方式，简称地暖。该系统以整个地面作为散热器，通过在地板结构层内铺设管道，给管道内注入 60 ℃以下的低温热水加热地板，使室内温度达到 20 ℃左右。采用这种方式供暖，热空气由下向上散发，符合人的生理特点，令人倍感舒适。

热水地板采暖主要由热水管道和地板两大部分组成，施工时将管道埋设在楼板里，运行时管道内的热水将地板加热，再由地板面将热量辐射放热到室内的墙壁、顶棚和空气中，使室内的温度升高。地板辐射采暖大量用于住宅、餐厅、办公楼、商场、车库、展览馆、体育馆等。

地暖的排管方式主要有回转形、往复形和直列形，如图 2-55 所示。回旋形排管供回水管间隔排布，使室内温度分布均匀；往复形排管适宜布置在小面积房间，走道或不同支路间隔的狭小空间处；直列形排管供水温度沿环路走向逐渐降低，易造成房间温度分布不均，故使用较少。

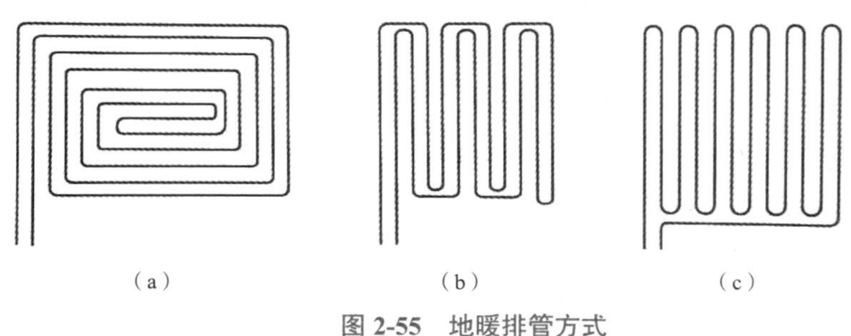

图 2-55　地暖排管方式

(a)回转形　(b)往复形　(c)直列形

◆ 任务实施

请根据排水管道构造特征，分组讨论，画出思维导图。

解析：通过阅读和理解任务实施，详读深究教材。

任务五　学习给排水工程识图

◆ 任务引入

图 2-56 是给排水施工平面图。大家根据以前所学习的建筑识图知识不难判断。可是对图 2-57 的认知恐怕大家摸不着北，不用担心，只要大家认真掌握识图方法，读懂它就是小菜一碟。

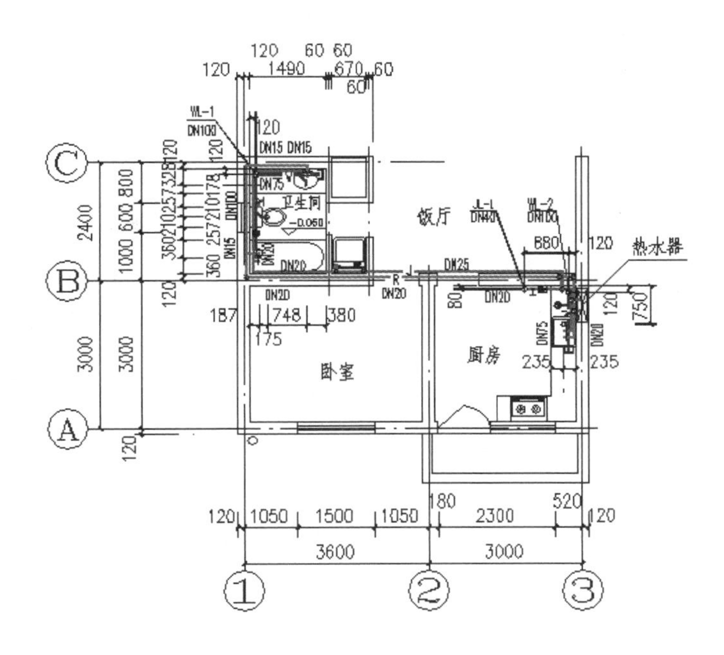

图 2-56　厨房卫生间给水排水标准层平面图

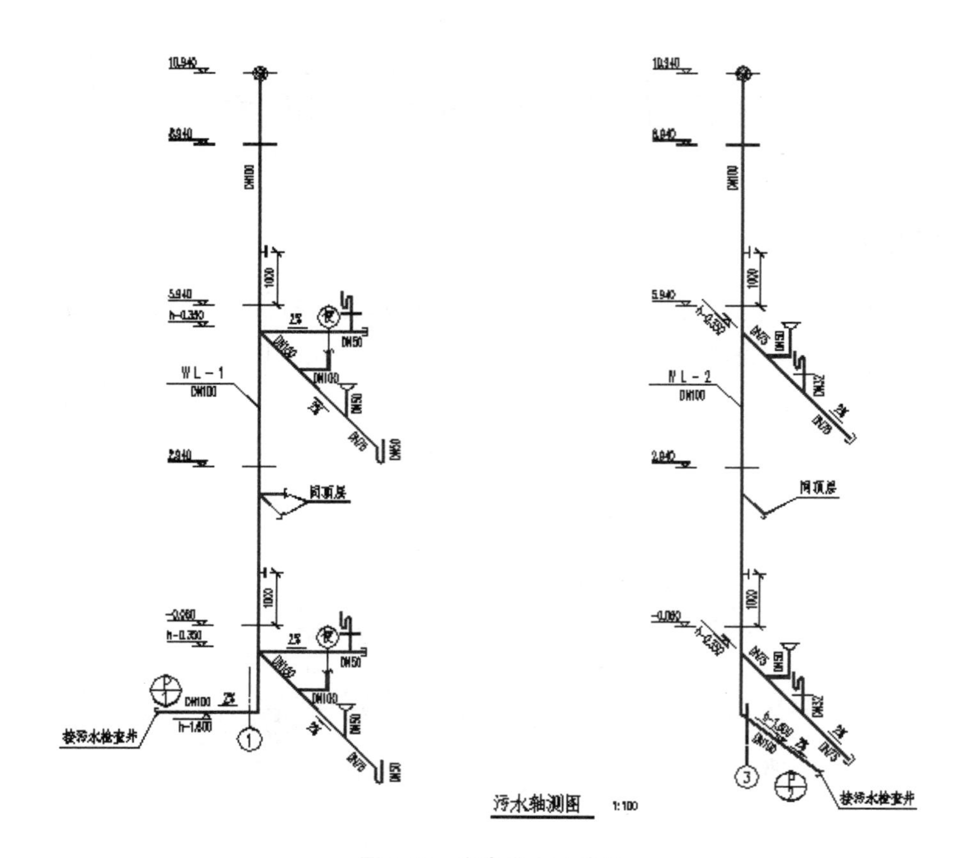

图 2-57　室内排水系统图

◆ 任务布置(勾一勾,画一画;议一议,想一想;再背一背,做一做)

1. 请各位同学勾画给排水工程图的识读方法,并牢记;
2. 完成任务实施。

◆ 相关知识

一、识读相关规定及注意事项

1. 编号

当建筑物的给水引入管或排水排出管的数量超过一根时,宜进行编号,编号如图 2-58 所示。建筑物内穿越楼层的立管,数量超过一根时宜进行编号,编号如图 2-59 所示。

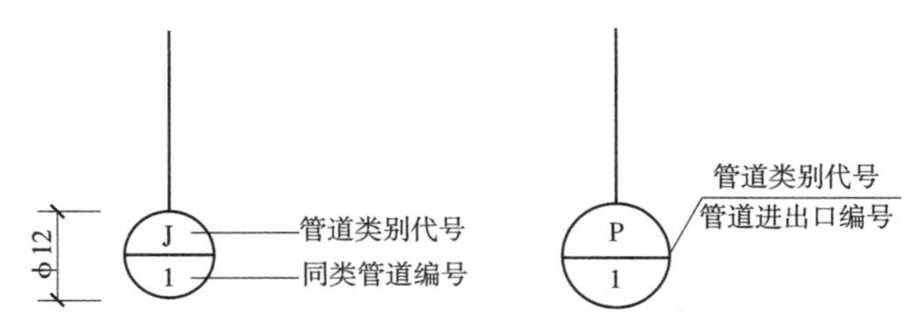

图 2-58　引入管或排出管数量超过一根时的编号表示

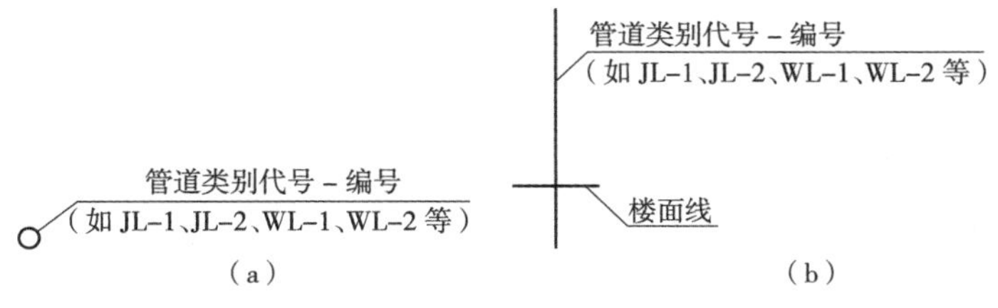

图 2-59　立管数量超过一根时的编号表示
（a）平面图　（b）系统图

温馨提醒：确定同一管道在平面图和系统图中的对应位置极其重要，需要大家根据引入管（或排出管）、立管的编号来进行明确。例如，任务引入中系统图里的 WL-1 污水立管在平面图的①轴和Ⓒ交点处，确定好立管的对应关系后，才能把图读正确。

2. 图例

建筑给水排水施工图中的管道、给排水附件、卫生器具、升压和储水设备以及给排水构造物等都是用图例符号表示的，在识读施工图时，必须明白这些图例符号。常用图例符号见表 2-3。

表 2-3　常用给排水图例

名称	图例	名称	图例
生活给水管	— J —	检查口	
生活污水管	— SW —	清扫口	
通气管	— T —	地漏	
雨水管	— Y —	浴盆	
水表		洗脸盆	
截止阀		蹲式大便器	
闸阀		坐式大便器	
止回阀		洗涤池	
蝶阀		立式小便器	
自闭冲洗阀		室外水表井	

续表

名称	图例	名称	图例
雨水口	⏀ （ 个 ）	矩形化粪池	—[○]—
存水弯	∽ ⌐	圆形化粪池	—○○—
消火栓	—◢（—⊘）	阀门井（检查井）	—○—

注：表中括号内为系统图图例。

3. 一般规定

（1）布图方向

室内给水排水的布图方向应与相应建筑平面图的布图方向一致。室内给水系统图和室内排水系统图的布图方向应与相应给水排水平面图的布图方向一致。

（2）管道交叉

当给水管道与排水管道交叉时，应断开排水管道。当给水管道与给水管道交叉，排水管道与排水管道交叉时应断开低（后）管。

（3）系统图的绘制

室内给水系统图与室内排水系统图，通常为斜等轴测图。绘图时，给水系统图以每根引入管为一组进行绘制；排水系统图以每根排出管为一组进行绘制。

（4）习惯与规定画法

①对于某些不可见管道，如埋地管道、暗装管道和穿墙管道，不用虚线而以粗实线表示。

②对于某些管道，如水平管、立管、多根平行管，不按比例绘制，其与墙的距离和间距，仅示意表示其位置。

③安装在下一层空间而为本层所用的管道，绘制在本层平面图上。

④给水管道只绘制水龙头，排水管道仅绘制卫生器具出水口处的存水弯。

⑤有水泵的平面图、系统图，可不绘出水泵的外形轮廓线，仅绘水泵进出口和水泵基础的外形轮廓线。

二、建筑给排水施工图的主要内容

建筑给排水施工图一般由图纸目录、主要设备材料表、设计说明、图例、平面图、系统图（轴测图）、施工详图等组成。

1. 平面布置图

给水、排水平面图表达给水、排水管线和设备的平面布置情况。在各层平面布置图上，各种管道、立管应编号标明。

给排水工程平面布置图告诉我们：给排水管线和设备的平面布置情况；通过图例等表达管线和设备的情况；管线和设备的平面尺寸。

在设计图纸中，用水设备的种类、数量、位置，均要作出给水和排水平面布置；各种功能管道、管道附件、卫生器具、用水设备，如消火栓箱、喷头，均应用各种图例表示；各种横干管、立管、支管的管径、坡度等，均应标出。平面图上管道都用单线绘出，沿墙敷设时不注明管道与墙面的距离。

2. 系统图

系统图也称“轴测图”，绘法是取水平、轴测、垂直方向，反映管道工程的空间关系。

给排水工程系统图告诉我们：给排水管道的空间布置情况；通过图例等表达管线和设备的情况；管道工程的标高。

系统图上应标明管道的管径、坡度，标出支管与立管的连接处，及管道各种附件的安装标高，标高 ±0.00 应与建筑图一致。系统图上各种立管的编号应与平面布置图一致。系统图应按给水、排水、热水等各系统单独绘制，便于施工安装和概预算应用。

系统图中对用水设备及卫生器具的种类、数量和位置完全相同的支管、立管，可不重复完全绘出，但应用文字注明。当系统图立管、支管在轴测方向重复交叉影响识图时，可断开移到图面空白处绘制。

3. 施工详图

凡平面布置图、系统图中局部构造因受图面比例限制而表达不完善或无法表达的，为使施工概预算及施工不出现失误，必须绘出施工详图。

通用施工详图系列，卫生器具安装、排水检查井、雨水检查井、阀门井、水表井、局部污水处理构筑物等，均有各种施工标准图，施工详图宜首先采用标准图。绘制施工详图的比例以能清楚绘出构造为依据选用。施工详图应尽量详细注明尺寸，不应以比例代替尺寸。

4. 设计施工说明及主要材料设备表

用工程绘图无法表达清楚的给水、排水、热水供应、雨水系统等管材、防腐、防冻、防露的做法，或难以表达诸如管道连接、固定、竣工验收要求、施工中特殊情况技术处理措施，施工方法要求严格必须遵守的技术规程、规定等，可在图纸中用文字写出设计施工说明。

工程选用的主要材料及设备表，应列明材料类别、规格、数量，设备品种、规格和主要尺寸。此外，施工图还应绘出工程图所用图例。

所有以上图纸及施工说明等应编排有序，写出图纸目录。

三、室内给水排水工程图的识读

1. 室内给水排水工程图的识读方法

识读顺序如下：室内给水排水平面图→室内给水排水系统图→详图。

（1）室内给水排水平面图的识读方法

室内给水排水平面图的识读是先底层平面图，后各层平面图。

底层平面图识读顺序如下：卫生器具→给水系统的引入管（或排水系统的排出管）→立管→干、支管，然后按顺水流（给水系统）或逆水流（排水系统）方向进行识读。各层平面图识读顺序如下：立管→干、支管，然后按顺水流（给水系统）或逆水流（排水系统）方向进行识读。

（2）室内给水系统图的识读方法

识读室内给水系统图采用对照法，将室内给水系统图与室内给排水平面图对照识读。

识读顺序如下：给水立管（与平面图相同编号）→引入管，然后按顺水流方向按引入管→立管→干、支管顺序进行识读。

（3）室内排水系统图的识读方法

识读室内排水系统图也采用对照法，将室内排水系统图与室内给排水平面图对照识读。识读顺序如下：排水立管（与平面图相同编号）→排出管，然后按逆水流方向按排出管→立管→干、支管顺序进行识读。

2. 室内给水排水工程图的识读

（1）通读平面图和系统图

通读平面图 2-60 和系统图 2-61、图 2-62。从图上可以看出，该住宅楼共有 6 层，各层卫生器具的布置均相同；除底层设有一条引入管和一条排出管外，其余各层的管道布置都相同。

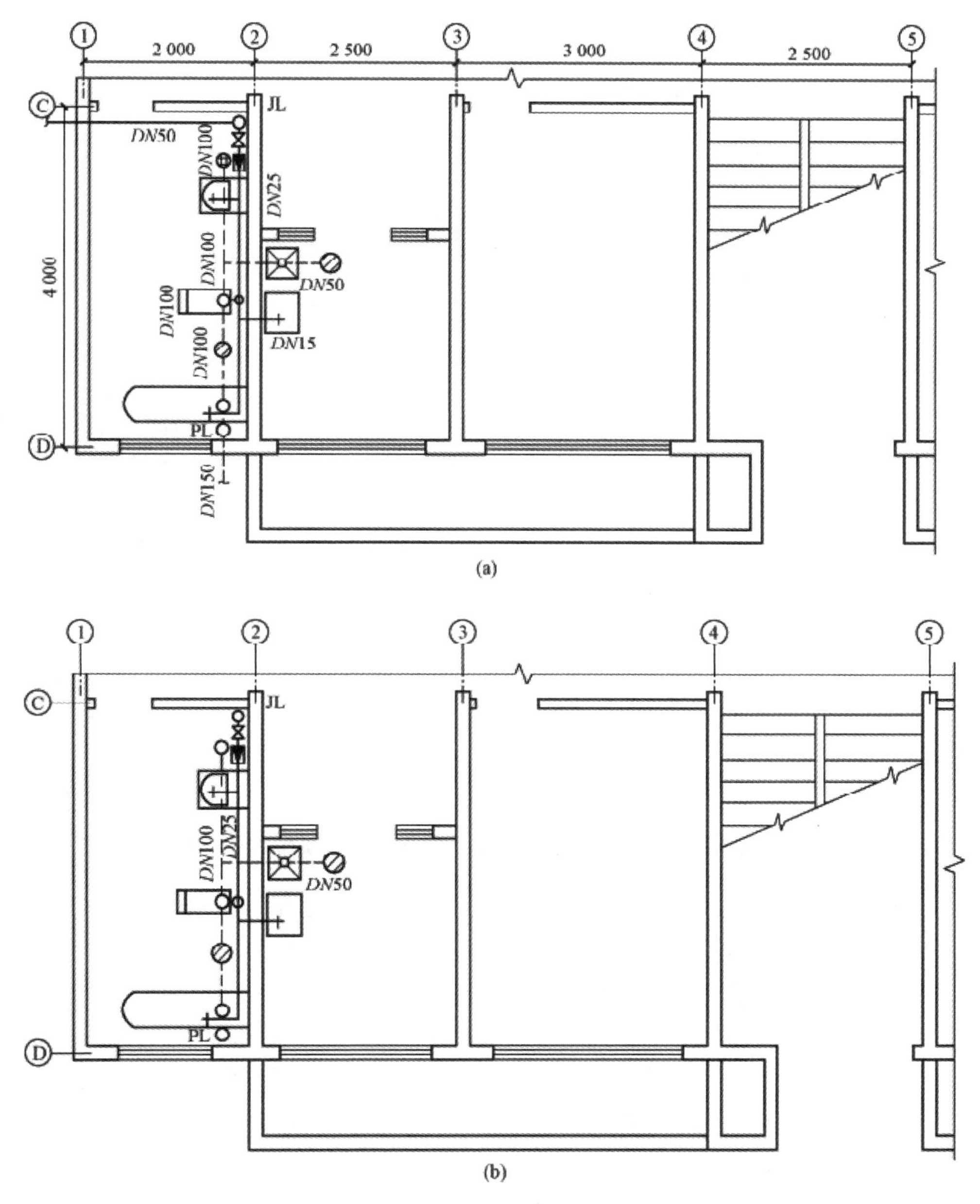

图 2-60　某住宅楼给水排水平面图

（a）底层平面图　（b）2~6 层平面图

（2）识读底层平面图和标准层

1）识读卫生器具的布置　在①至②轴间的卫生间内，沿②轴线设有叶轮式水表、洗脸盆、蹲式大便器、地漏和浴盆；在②至③轴线间的厨房内，沿②轴线设有污水池、储水池和地漏。

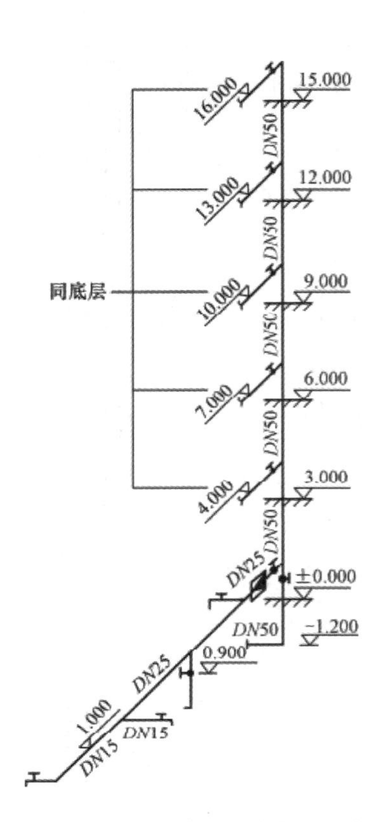

图 2-61　某住宅楼给水系统图

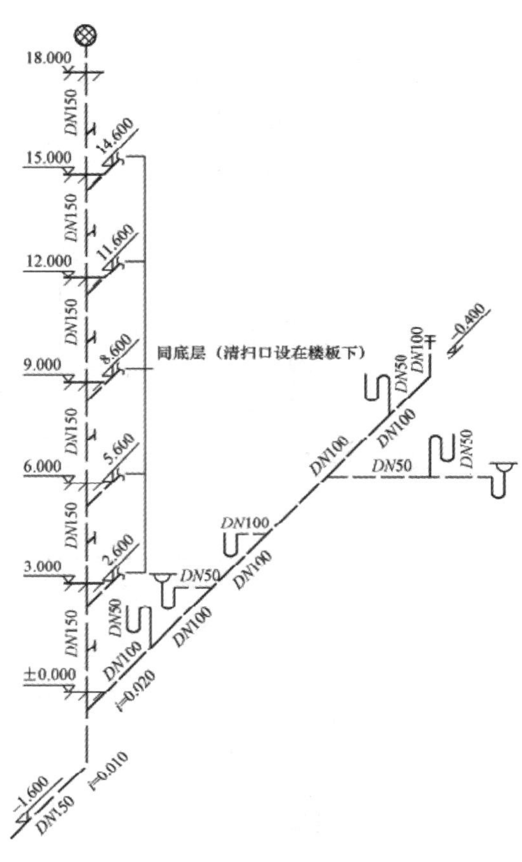

图 2-62　某住宅楼排水系统图

2）识读给水管道的布置　首先找到底层沿 © 轴线设有一条给水引入管，管径为 DN50，由室外引入室内至墙角处的给水立管（JL）止；然后由该立管接出给水干管，沿②轴线经内螺纹截止阀、叶轮式水表，向洗脸盆、蹲式大便器、储水池和浴盆供水。管径由 DN25 变为 DN15。

3）识读排水管道的布置　在底层卫生间的东南角，设有一根 DN150 的排水立管（PL）。沿②轴线设有 DN100 的排水干管和 DN150 的排出管。卫生间内洗脸盆、蹲式大便器、浴盆和地坪的污水，经排水干管、排水立管和排出管排至室外（检查井）。厨房内污水池和地坪的污水，经排水支管、排水干管、排水立管和排出管排到室外（检查井）。

标准层同底层，只是水流的起点为给水或排水的立管。

（3）给水系统图的识读

首先抓住最明显的立管，顺着立管找到 DN50 的引入管标高为-1.200，由西向东至立管（JL）下端的 90° 弯头止；然后 DN50 的立管（JL）垂直向上，穿出底层地坪 ±0.000，在标高 0.500 处安装 DN50 的内螺纹截止阀一个；继续垂直向上至标高为 16.000 的 90° 弯头止。在立管（JL）上共接出 6 条水平干管，每条水平干管始端的管径为 DN25，末端的管径为

DN15。

第 1 条水平干管位于底层楼,标高为 1.000;

第 2 条水平干管位于 2 层楼,标高为 4.000;

第 3 条水平干管位于 3 层楼,标高为 7.000;

第 4 条水平干管位于 4 层楼,标高为 10.000;

第 5 条水平干管位于 5 层楼,标高为 13.000;

第 6 条水平干管位于 6 层楼,标高为 16.000。

第 1 条水平干管上,由北向南依次有:DN25 的内螺纹截止阀一个,DN25 的叶轮式水表一组,DN25 × 25 × 15 异径三通一个及 DN15 水龙头一个,DN25 × 25 × 25 等径三通一个及 DN25 专用冲洗阀一个,DN25 × 25 × 15 异径三通一个及 DN15 水龙头一个,DN15 的弯头一个及 DN15 的水龙头一个。

(4)排水系统图的识读

同样先找到排水立管,顺着立管可以看见 DN150 的排出管标高为-1.600,坡度 i=0.010,由室内排水立管(PL)底到室外(检查井)止;DN150 的排水立管(PL),由标高-1.600 至标高 14.600 的 DN150 × 150 × 100 异径斜三通止;DN150 的透气管,由标高 14.600 至屋面以上镀锌铁丝球止。同时还可以看出,在排水立管(PL)上设有 6 个立管检查口(每层一个),并有 6 条排水干管与排水立管(PL)相接;每条排水干管的管径为 DN100,坡度 i=0.020。

第 1 条排水干管位于底层楼地坪以下,标高为-0.400;

第 2 条排水干管位于 2 层楼楼板以下,标高为 2.600;

第 3 条排水干管位于 3 层楼楼板以下,标高为 5.600;

第 4 条排水干管位于 4 层楼楼板以下,标高为 8.600;

第 5 条排水干管位于 5 层楼楼板以下,标高为 11.600;

第 6 条排水干管位于 6 层楼楼板以下,标高为 14.600。

每条排水干管上由北向南依次接有:DN100 清扫口一个;DN100 的 45° 弯头两个(2 至 6 层无);DN100 × 100 × 50 异径斜三通一个及 DN50 的 S 形存水弯一个;DN100 × 100 × 50 异径斜三通一个及排水支管上 DN50 × 50 × 50 等径斜三通一个,DN50 的 S 形、P 形存水弯各一个;DN100 × 100 × 100 等径斜三通一个及 DN100 的 P 形存水弯一个;DN100 × 100 × 50 异径斜三通一个及 DN50 的 P 形存水弯一个;DN100 × 100 × 50 异径斜三通一个及 DN50 的 S 形存水弯一个;DN150 × 150 × 100 异径斜三通一个。

在排水系统图上,地面清扫口未标注标高,请根据清扫口的构造,想一想其标高是多少?

◆ 任务实施

完成任务单中的室内给排水工程施工下料编制，并将结果填入表格中。

试计算安装所需的卫生设备、附件、管材、管件数量，并将计算结果填入相应的表内(给水和排水系统的填料在此暂不计算)。

设计施工说明：

①卫生设备及附件选用挂式陶瓷洗脸盆、踏式陶瓷蹲式大便器、10 L/min 燃气热水器、铝合金地漏、叶轮式水表、普通水龙头、内螺纹截止阀、铜球阀(燃气热水器用)。

②管材、管件给水系统选用 PP-R 管及其管件；排水系统选用 PVC-U 管及其管件。

任　务　单

学院：　　　　　　　　　　　　班级：　　　　　　　　　　　　　　　　　年　月　日

任务名称		室内给排水工程识图		
实训名称		识读 ×× 室内给排水工程 ×× 图		
目　　的		在限定的时间内，识读所给图纸的室内给排水工程。学生应在熟悉识图方法的前提下，利用所学知识、工具、参考资料，分组讨论进行识读		
完成时间		90 分钟		
工作步骤	资讯	复习识图方法	独立完成	5 分钟
	决策	确定识图方法	小组讨论	5 分钟
	计划	制定具体实施步骤	小组讨论	5 分钟
	实施	严格按照识图方法识读	独立完成	60 分钟
	检查		分组完成	5 分钟
	评价		分组完成	10 分钟
工　　具 参考资料		1. 教材； 2. 计算器； 3. 标准图集。		
图　纸		×× 室内给排水工程 ×× 图		
某住宅楼给水排水平面图、给水系统图和排水系统图如图 2-63(a)、(b)、(c)所示				

续表

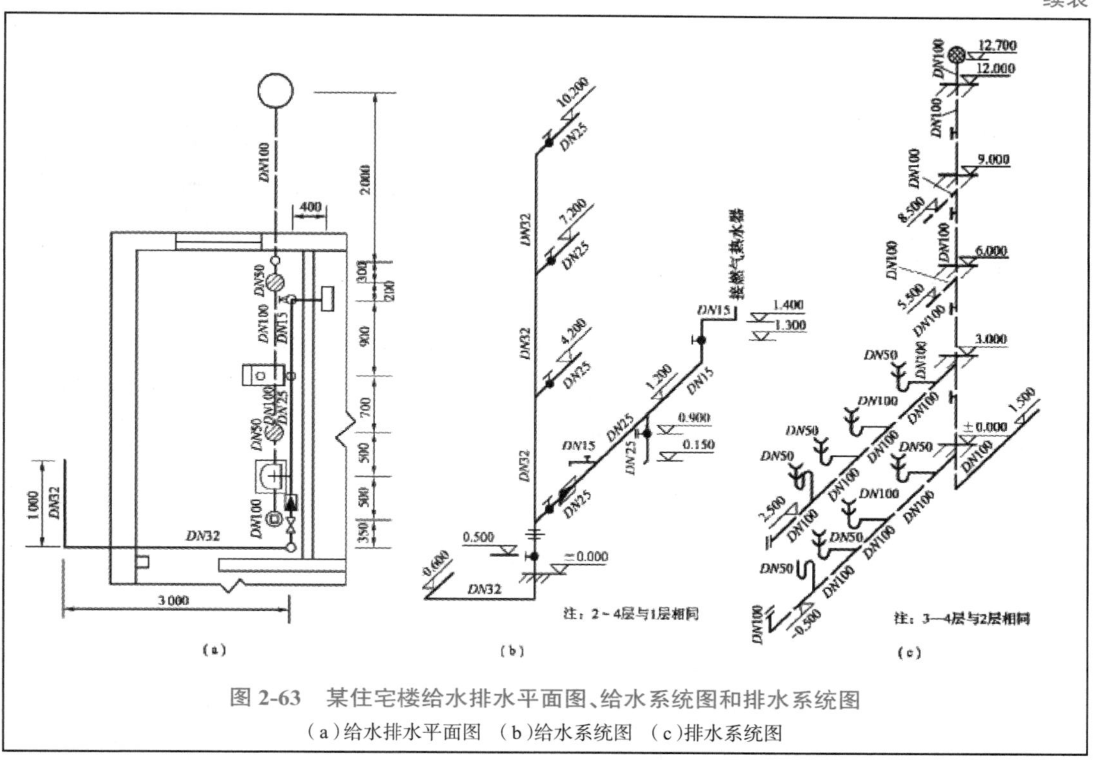

图 2-63　某住宅楼给水排水平面图、给水系统图和排水系统图

(a)给水排水平面图　(b)给水系统图　(c)排水系统图

第一滴 供水方式

★★★☆☆

1. 直接给水

当室外给水管网提供的水压、水量和水质都能满足建筑要求时，可直接把室外管网的水引向建筑内各用水点，这样可充分利用外网提供的条件进行给水，称为直接供水方式，如图2-64 所示。这种供水方式简单、投资少、最充分利用外网；但一旦外网停水，室内立即断水；适用于水量、水压在一天内都能满足用水要求的场所。

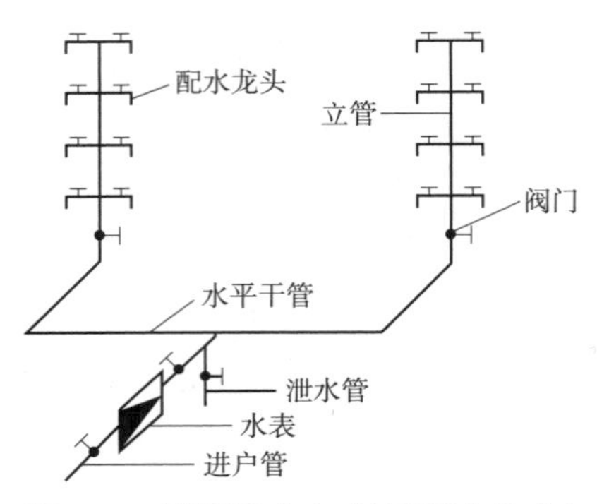

图 2-64 直接给水方式（下行上给式）

2. 设水箱供水

当市政管网提供的水压在大部分时间内能满足要求，仅在用水高峰时出现水压不足，以及建筑内要求水压稳定，并且建筑物具备设置高位水箱的条件下，可设高位水箱。当室外管网提供的水压有剩余时向水箱进水（一般在夜间），当室外管网提供的水压不足时（一般白天）水箱出水，以达到调节水压和水量的目的，如图 2-65 所示。这种供水方式可靠、简单、投资少、可充分利用外网水压；缺点是增加了建筑物的荷载，容易产生二次污染；适用于供水水压、水量周期性不足的场合。

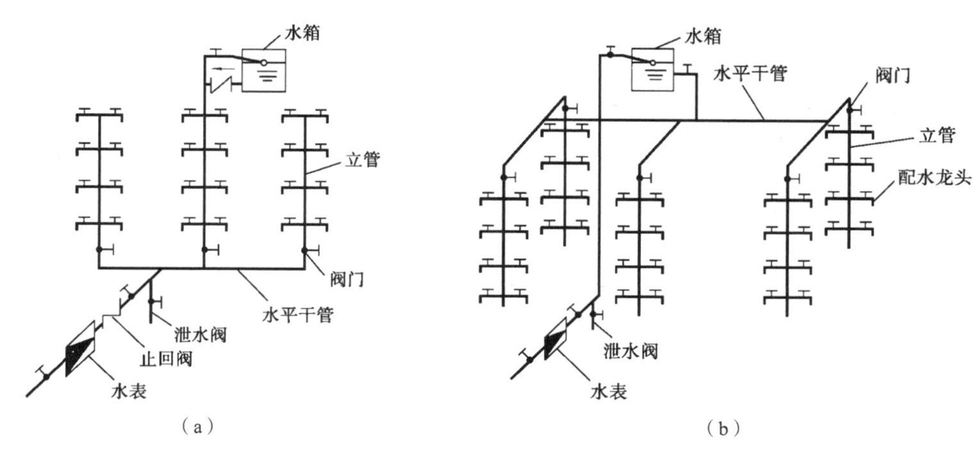

图 2-65 设水箱的供水方式

(a)设水箱给水方式 A(下行上给式)(b)设水箱给水方式 B(上行下给式)

3. 水箱和水泵联合供水

当室外管网的水压经常不足,且不允许抽水时或外网不能保证高峰用水,用水量较大时或要求储备一定容积的水量时可用水泵、储水池和水箱的给水方式,水泵自外网直接抽水加压,利用高位水箱稳压和调节流量,外网水压高时也可直接供水,如图 2-66 所示。

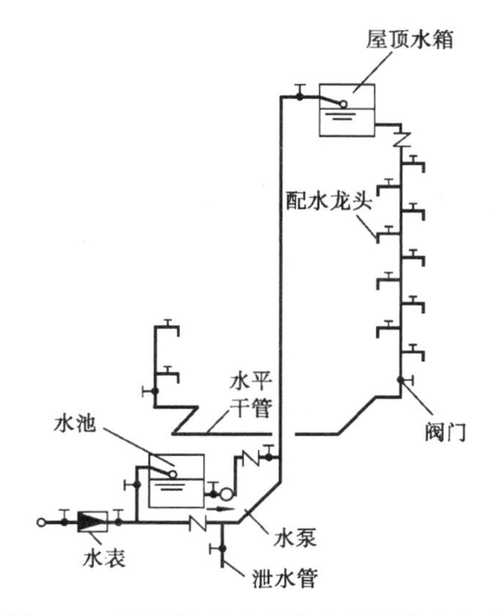

图 2-66 设水泵、储水池和水箱的给水方式

采用水箱和水泵的供水方式,水泵能及时向水箱供水,可缩小水箱容积,供水可靠,但投资较大,安装和维修都比较复杂,适用于室外给水管网水压低于或经常不能提供建筑内部给水管网所需水压,室内用水不均匀时采用。

4. 分区给水

多层建筑或高层建筑的室外给水管网水压往往只能满足建筑下部几层的需要,为了充分有效地利用室外网的水压,常将建筑物分成上下两个供水区,如图 2-67 所示。下区直接在城市管网压力下工作,上区则由水泵水箱联合给水。这种供水方式可以充分利用外网水压,供水安全,但投资较大,维修复杂。

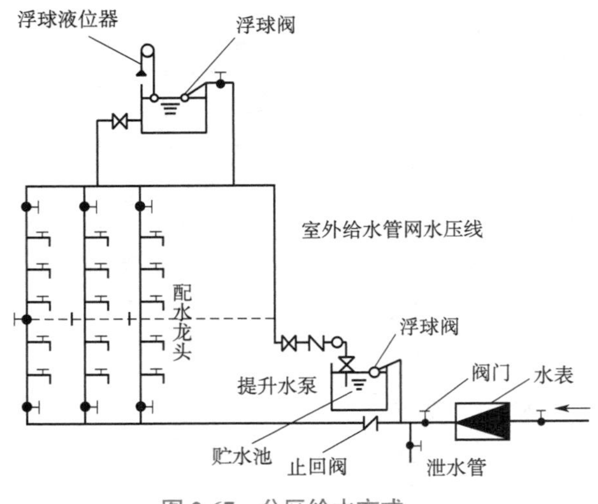

图 2-67　分区给水方式

1. 单、双线图

管子是有厚度的,当大家忽略其厚度时可得到一根粗实线,即单线图。当我们不忽略其厚度,可得到两根中空实线的轮廓线,即双线图,如图 2-68 所示,因一般施工图多采用单线图,故我们仅研究单线图。

2. 管道在平面图上的图形

管道在实际安装中有三种状态:左右、前后、上下,在平面图上分别对应的图形是左右直线,竖直直线和一个小圆,如图 2-69 所示。

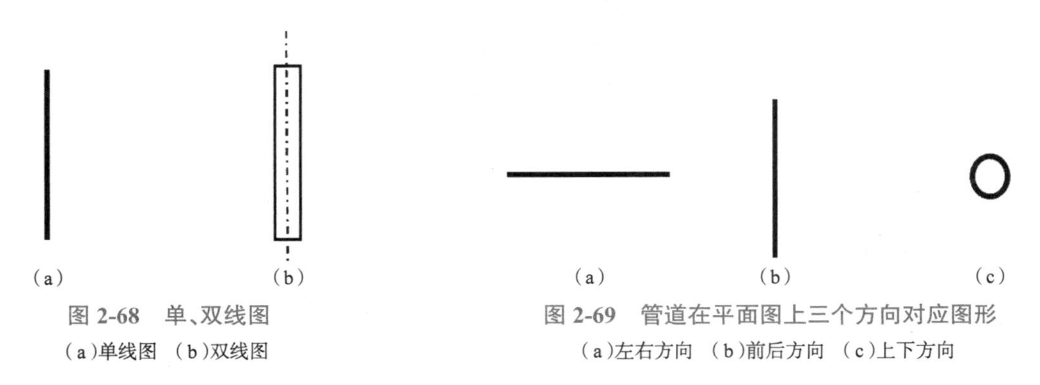

图 2-68　单、双线图
(a)单线图　(b)双线图

图 2-69　管道在平面图上三个方向对应图形
(a)左右方向　(b)前后方向　(c)上下方向

3. 管道在平面图上的遮挡关系

左右方向和前后方向的管子在同一平面不存在遮挡，但上下方向的管子和左右及前后的管子存在遮挡关系，当左右方向的管子遮挡上下管子时，画在圆心，未遮挡时，画在圆外，如图 2-70 所示。

图 2-70 管道遮挡的对应图形

（a）左右方向的管子遮挡上下管子 （b）左右方向的管子未遮挡上下管子

4. 轴测图

轴测图有正等轴测与斜等轴测图。一般在安装工程图中多用斜等轴测图，如图 2-71 所示。坐标轴有 OX 方向，OY 方向，OZ 方向，分别对应管子实际走向：左右、前后、上下，除了左右方向的管子实际方向、平面图、轴测图上都是左右方向外，对于实际方向是前后方向的管子，平面图上竖直线，轴测图上是与 OX 轴呈 135° 或 45° 的斜线，对于实际方向是上下方向的管子，平面图上粗实线小圆，轴测图上是 OZ 轴或与 OZ 轴平行的竖直线。另外，还需注意不同平面的管线交叉时，被遮挡的管线应断开，如图 2-72 所示。

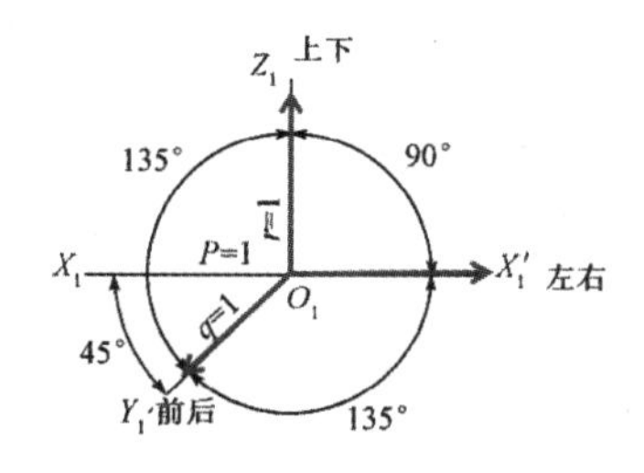

图 2-71 管道斜等轴测图

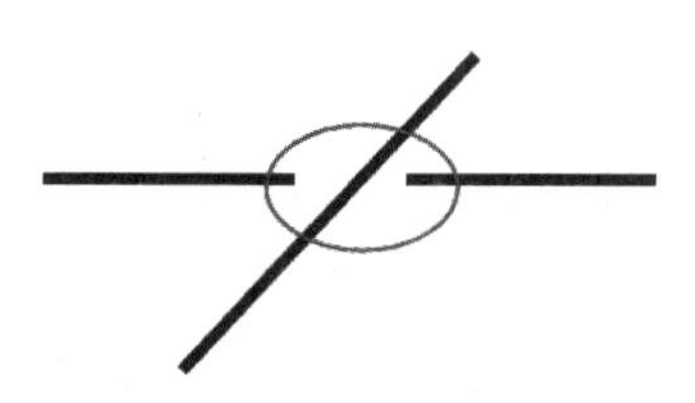

图 2-72 管子交叉的处理

学习效果测试

一、单项选择题

1. 管道沿建筑结构外表面设置，造价低，会影响美观的敷设方式是(　　)。

A. 明装　　B. 暗装　　C. 沿墙　　D. 沿天棚

2. 给水管道穿墙时须设套管，套管与管道之间的填充物是(　　)。

A. 石棉水泥　　B. 膨胀水泥　　C. 胶黏剂　　D. 石棉绳

3. 管道立管穿楼板时，如果是一般楼板应高出(　　)mm。

A. 20　　B. 30　　C. 40　　D. 50

二、多项选择题

1. 承插式给水铸铁管的接口常采用(　　)。

A. 油麻石棉水泥　　B. 油麻膨胀水泥　　C. 橡胶圈　　D. 胶黏剂

2. 排水管道中用于检查疏通的管件是(　　)。

A. 出户大弯　　B. 检查口　　C. 存水弯　　D. 清扫口

3. 给排水工程识图时，(　　)。

A. 引入管数量超过一根时，宜进行编号

B. 给排水系统图通常为斜等轴测图

C. 对于某些不可见管道，不用虚线而用粗实线表示

D. 给排水系统图并不绘制卫生设备

三、简答题

1. 请说说室内给水系统的组成。

2. 识读室内给水排水工程图的主要步骤有哪些？

在给排水工程中，有许多科学家做出了卓越的贡献，其中就有中国给水排水工程学科的奠基人和开拓者许保玖教授。他是第一个留美回国的给排水博士，是“水工业”理念的先行者，是著作百万字的撰书人，更是学养深厚的教书先生、行业泰斗……

许保玖教授极其爱国，他和华罗庚、钱学森等 35 人，被美国政府列入禁止回国的名单。但他有一颗赤诚的爱国之心，为了报效国家，1955 年初，许保玖偕夫人冲破阻力回国，成为国内第一个给排水专业博士。

许教授对科学严谨认真，教学不照本宣科。他的教学思想，学生的学生是这样评价的“像认识一棵树那样去学习，刨根问底，了解清楚知识的脉络体系”“要学会仰望星空，以理论的思维去探索，追求科学的无限可能”。而在许保玖自己看来，是“刨根问底的思维形态变成了一种习惯”，才推动着他穿越百年光阴，奋力向前。

国家领导人勉励留学归国青年学者以李四光、程开甲等老一辈科学家为榜样，在海外学成后回国投身科教事业，在各自岗位上努力报效祖国、服务人民，希望同志们大力弘扬留学报国的光荣传统，以报效国家、服务人民为自觉追求，在坚持立德树人、推动科技自立自强上再创佳绩，在坚定文化自信、讲好中国故事上争做表率，为全面建设社会主义现代化国家、实现中华民族伟大复兴的中国梦积极贡献智慧和力量！

大家也要积极响应国家号召，向这些老一辈科学家学习，为我们的国家和人民刻苦学习，挑起建设祖国的重任。

让我们扫一扫，看看本项目的学习微课吧！

2.1　认识生活给水系统 1

2.1　认识生活给水系统 2

2.2　认识建筑排水系统 1

2.2　认识建筑排水系统 2

2.2　认识建筑排水系统 3

2.2　认识建筑排水系统 4

2.3　认识热水供应系统

2.4　认识采暖系统 1

2.4　认识采暖系统 2

2.4 认识采暖系统 3

2.5　学习给排水工程识图 2

2.5　学习给排水工程识图 1

2.5　学习给排水工程识图 3

2.5　学习给排水工程识图 4

项目三　建筑消防系统

【项目导读】

火灾让我们财产损失，人员伤亡，但它又具有偶发性，不能完全预见，如何有效地止损，就是建筑消防系统存在的重要意义。

建筑消防系统用于扑灭火灾，分为两部分，一部分是火灾预警和联动消防给水，属于电气部分；另一部分是消防给水，是管道工程的一部分，本项目带大家认识消防给水工程具体的构造和工艺。

★★★★★ 高素质、高技能复合型人才培养 ★★★★★

【知识目标】

1. 掌握消火栓系统的组成及构造等基本知识；
2. 掌握自动喷淋系统的组成及构造等基本知识；
3. 熟悉其他灭火系统的组成及构造等基本知识。

【能力目标】

1. 能熟练说出消火栓系统的工作原理及其组成、作用；
2. 能熟练说出自动喷淋系统的工作原理及其组成、作用；
3. 能根据掌握的消火栓系统知识画出思维导图；
4. 能根据掌握的自动喷淋系统知识结合生活案例做出 PPT 并在全班分享。

【思政目标】

1. 培养克服困难、不屈不挠、认真谨信的工匠精神；
2. 培养团结协作、友爱互助精神和责任感。

任务一　认识建筑消火栓系统

◆ 任务引入

建筑消防系统根据使用灭火剂的种类和灭火方式一般分为三种，即建筑消火栓系统、自动喷水灭火系统和其他灭火系统，首先来认识建筑消火栓系统。

◆ 任务布置（勾一勾，画一画；议一议，想一想；再背一背，做一做）

1. 请勾一勾消火栓系统的组成，并根据组成的名称做一个逻辑图；

2. 请勾一勾消火栓系统各组成的作用；

3. 请想一想消火栓系统各组成是如何工作的，大家分组议一议消火栓系统的工作流程。

◆ 相关知识

消火栓灭火系统是最常用的灭火系统，主要用于扑灭初期火灾。它是指用水作为灭火剂的固定消防系统，建筑物内设消防给水管网和消火栓，给水管网内充满水，当火灾发生时，打开消火栓箱取出消防水带，打开消火栓阀门即可进行灭火操作。

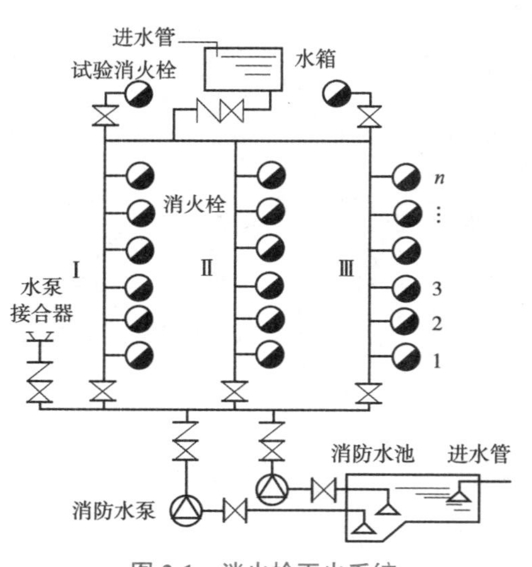

图 3-1　消火栓灭火系统

消火栓灭火系统是一种固定式消防设施。它由供水水源（如消防水池和消防水箱）、供水管网、消火栓（箱）、供水设备（如消防水泵接合器、消防水泵）等组成，如图 3-1 所示。

消火栓灭火系统可分为室外消火栓灭火系统和室内消火栓灭火系统。室外消火栓灭火系统设置在建筑物外，主要作用是供消防车取水，经增压后向建筑物内的供水管网供水或实施灭火，也可以直接连接水带、水枪出水灭火。室内消火栓给水系统是把室外给水系统提供的水量，经过加压（外网压力不满足需要时），输送到用于扑灭建筑物内的火灾而设置的固定灭火设备，是建筑物中最基本的灭火设施。

一、供水水源

消防供水水源主要是指市政给水、消防水池和天然水源，当三者都可作为消防水源时，优先选用市政给水管网供水。

1. 市政给水

当市政给水能够保证消防水量时，消防给水系统可直接采用市政给水管网供水。

2. 消防水池

符合下列规定之一的，应设置消防水池：

①当生产、生活用水量达到最大时，市政给水管道、进水管网或引入管不能满足消防用水量时；

②当采用一路消防供水或只有一条引入管，且室外消火栓设计流量大于 20 L/s 或建筑高度大于 50 m 时；

③市政消防给水设计流量小于建筑的消防给水设计流量时。

设置地点可设于室外地下或地上，也可设在室内地下室，或与室内游泳池、水景水池、喷泉池兼用。

3. 天然水源

地面上的江河湖海水库等地表水均可作为城乡市政消防和建筑室外消防永久性天然消防水源，地下水源井水等也可作为消防水源。

二、供水管网

供水管网是消火栓灭火系统的重要组成部分。室外消防给水采用两路消防供水，一般布置成环状。民用建筑物内的消防管网应与生活给水系统分开设置。

三、供水设备

1. 消防水泵结合器

水泵结合器是消防车从室外水源或市政给水管取水向室内消防管网供水的预留接口，一端与室内消防给水管网水平干管连接，另一端设于消防车易于接近的地方，便于与其他水源连接补充消防水量。

符合下列规定的场所，其室内消防管网应设置消防水泵接合器：

①高层民用建筑；

②设有消防给水的住宅、超过五层的其他多层民用建筑；

③超过两层或建筑面积大于 10 000 m² 的地下或半地下建筑（室）；

④消火栓设计流量大于 10 L/s 平战结合人防工程；

⑤高层工业建筑；

⑥超过四层的多层工业建筑。

另外，自动喷水灭火系统、水喷雾灭火系统、泡沫灭火系统和固定消防炮灭火系统等系统均应设置消防水泵结合器。

水泵结合器应设在室外便于消防车接近、使用、不妨碍交通的地点。除墙壁式水泵结合器外，距建筑物外墙应有一定距离，一般不小于 5 m。水泵接合器四周 15~40 m 的范围内，应有供消防车取水的室外消火栓或消防水池。

按其安装场合可分为分地上式、地下式、墙壁式三种，如图 3-2、图 3-3、图 3-4 所示。地上式消防水泵结合器本身与接口高出地面，目标显著，使用方便；地下式消防水泵结合器安装在建筑物附近的专用井中，不占地方且不易遭到破坏；墙壁式消防水泵结合器安装在建筑物的外墙上，墙壁上只露出两个接口和装饰标牌，目标清晰、美观、使用方便。

图 3-2　地上式消防水泵结合器

图 3-3　地下式消防水泵结合器

图 3-4　墙壁式消防水泵结合器

2. 消防水泵

消防水泵（如图 3-5 所示）是消防给水系统的心脏，目前消防给水系统中使用的水泵多为离心泵，如消火栓泵、喷淋泵、消防转输泵。

消火栓给水系统与自动喷水系统宜分别设置消防泵，与消火栓系统合用消防泵时，系统管道应在报警阀前分开。消防水泵供应的消防用水必须满足消防给水系统所需流量和压力的要求，应设置备用泵，备用泵的工作能力不应小于最大一台消防工作泵的工作能力。

图 3-5　消防水泵

3. 消防水箱

消防水箱（如图 3-6 所示）是指设置在地面标高以上的储存或传输消防用水的水箱，能提供消防系统初期的用水量和水压，对扑救初期火灾起着重要作用。

图 3-6　消防水箱

消防水箱的设置要求：采用临时高压给水系统的建筑物应设消防水箱，如一类高层公共建筑，容量不应小于 36 m³；一类高层住宅，容量不应小于 18 m³；二类高层住宅，容量不应小于 12 m³；建筑高度大于 21 m 的多层住宅，容量不应小于 6 m³。为确保供水的可靠性，应采用重力自流供水方式；消防水箱不应与生活（或生产）高位水箱合用；水箱应储存有 10 min 的室内消防用水量。

四、消火栓

1. 室外消火栓

室外消火栓是设置在建筑物外消防给水管网上的供水设施，主要用于消防车从市政给水管网或室外消防给水管网取水实施灭火，也可以直接连接水带、水枪出水灭火，是扑救火灾的重要消防设施之一。

图 3-7　室外消火栓

2. 室内消火栓

室内消火栓设备由水枪、水带和消火栓组成，均安装于消火栓箱内，如图 3-8 所示。

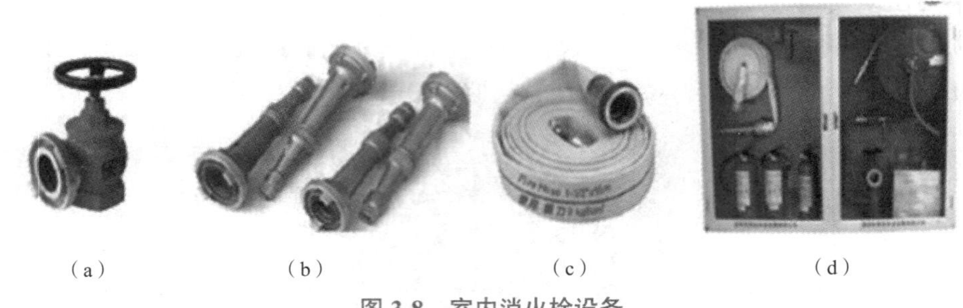

（a） （b） （c） （d）

图 3-8 室内消火栓设备

（a）消火栓 （b）水枪 （c）水带 （d）消火栓箱

（1）消火栓

室内消火栓是具有内扣式接头的球形阀式龙头，有单出口和双出口之分，如图 3-9 所示。一般情况下，推荐单出口消火栓。消火栓口径有 DN50 和 DN65 两种，前者用于 2.5~5 L/s，后者用于每支水枪最小流量大于等于 5 L/s。进水口端与消防立管相连接，出水口端与水带相连接。高层建筑室内消火栓口径应选 DN65。

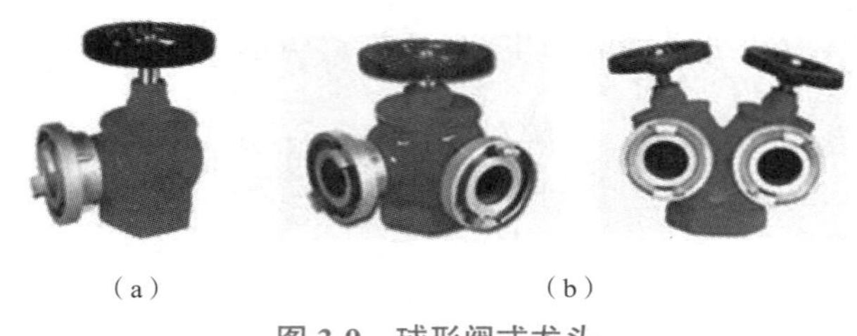

（a） （b）

图 3-9 球形阀式龙头

（a）单出口 （b）双出口

（2）水枪

水枪是灭火的主要工具之一，用钢、铝合金或塑料制成，其作用在于收缩水流、产生击灭火焰的充实水柱。室内一般采用直流式水枪，如图 3-9 所示，常用喷口直径有 13 mm、16 mm 和 19 mm 三种，另一端设有和水带相连接的接口，其口径为 50 mm 和 65 mm 两种。喷口直径为 13 mm 的水枪配 50 mm 的接口，配 DN50 的水带；喷口直径为 16 mm 的水枪配 50 mm 或 65 mm 的接口，可配 DN50 和 DN65 水带；喷口直径为 19 mm 的水枪配 65 mm 的接口，可配 DN65 水带。高层建筑室内消火栓给水系统，水枪喷口直径不小于 19 mm。

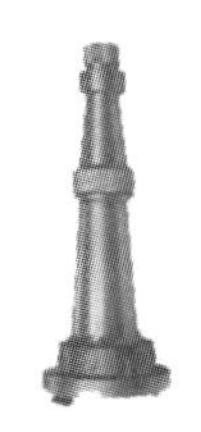

图 3-9　直流水枪

(3)水带

水带有麻织、棉织和衬胶三种,衬胶的压力损失小,但抗折叠性能不如麻织和棉织的好,如图 3-10 所示。室内常用的消防水带口径有 DN50 和 DN65 两种,长度有 15 m、20 m、25 m 三种,不宜超过 25 m,水带的两端分别与水枪和消火栓连接。

图 3-10　水带

消火栓、水带和水枪之间的连接,一般采用内扣式快速接头。在同一建筑物内应选用同一规格的水枪、水带和消火栓,利于维护、管理和串用。

(4)消火栓箱

消火栓箱(如图 3-11 所示)用来放置消火栓、水带和水枪,一般嵌入墙体暗装,也可以明装和半暗装。安装高度以消火栓栓口中心距地面 1.1 m 为基准,如图 3-12 所示。常用消火栓箱的规格尺寸为 800 × 650 × 200(320)mm,用木材、铝合金或钢板制作而成,外装单开门,门上应有明显的标志,箱内水带和水枪应安放整齐。

图 3-11　消火栓箱

图 3-12　消火栓箱安装

◆ 任务实施

请完成任务布置，根据消火栓系统构造内容，主要从工作原理、组成、作用分组讨论画出思维导图。

解析：通过阅读和理解任务实施，详读深究教材。

任务二 认识自动喷水灭火系统

◆ 任务引入

建筑消防系统中除消火栓灭火系统以外，自动喷水灭火系统也用得极其广泛，虽然消火栓给水系统简单，造价相对较低，但它不能自动发现和扑灭早期火灾，故扑灭早期火灾的速度和灭火效果不如自动喷水灭火系统。这个任务将带领大家认识自动喷水灭火系统。

◆ 任务布置（勾一勾，画一画；议一议，想一想；再背一背，做一做）

1. 勾一勾自动喷水灭火系统的组成及作用；
2. 画一画自动喷水灭火系统的分类；
3. 想一想自动喷水灭火系统的工作原理，议一议其优缺点。

◆ 相关知识

自动喷水灭火系统是一种能在发生火灾时，自动打开喷头喷水灭火并能同时发出火警信号的消防灭火设施。

自动喷水灭火系统是通过加压设备将水送入管网至带有热敏元件的喷头处，喷头在火灾的热环境中自动开启洒水灭火并报警，如图 3-13 所示。通常喷头下方的覆盖面积约为 12 m^2。自动喷水灭火系统扑灭初期火灾的效率在 97%以上，是当今世界上公认的最为有效的自救灭火系统，是应用最广泛、用量最大的自动灭火系统。

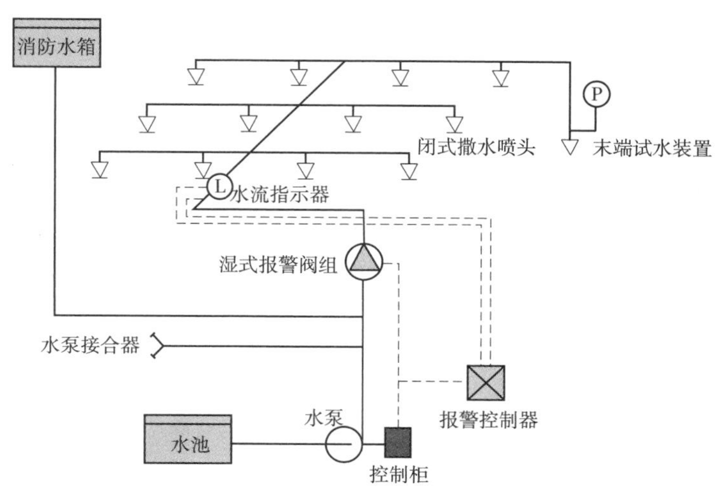

图 3-13 自动喷水灭火系统

一、自动喷水灭火系统的组成

1. 喷头

（1）闭式喷头

闭式喷头的喷口由热敏元件组成的释放机构封闭，当达到一定温度时自动开启，如玻璃球爆炸、易熔合金脱离，如图 3-14 所示。按溅水盘的形式和安装位置分为直立型、下垂型、边墙型、普通型、吊顶型和干式下垂型。吊顶型属隐蔽式，用于高档酒店、宾馆等美观要求高的地方；干式下垂型用于冷库等不用水的地方。

（2）开式喷头

开式喷头缺少由热敏元件组成的释放机构，根据用途分为开启式、水幕式、喷雾式，如图 3-15 所示。

图 3-14 闭式喷头

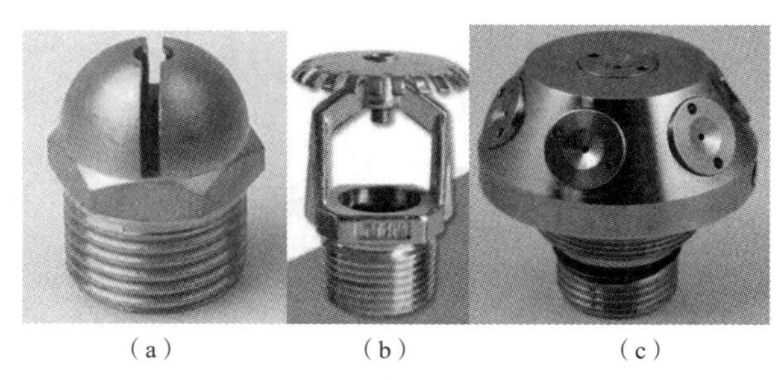

（a） （b） （c）

图 3-15 开式喷头

（a）开启式 （b）水幕式 （c）喷雾式

2. 报警阀

报警阀的作用是开启和关闭管网的水流，传递控制信号至控制系统并启动水力警铃直接报警。报警阀有湿式、干式、干湿式和雨淋式四种类型。

（1）湿式报警阀

湿式报警阀（如图 3-16 所示）用于湿式自动喷水灭火系统。

（2）干式报警阀

干式报警阀用于干式自动喷水灭火系统，由湿式、干式报警阀依次连接而成。在温暖季节用湿式装置，在寒冷季节则用干式装置。

（3）雨淋阀

雨淋阀（如图 3-17 所示）用于雨淋、预作用、水幕和水喷雾自动喷水灭火统。

图 3-16　湿式报警阀

图 3-17　雨淋阀

3. 水力警铃

水力警铃（如图 3-18 所示）主要用于湿式喷水灭火系统，装在报警阀附近（连接管不超过 6 m）。其作用原理是当报警阀打开消防水源后，具有一定压力的水流冲动叶轮打铃报警。水力警铃不得由电动报警装置取代。

图 3-18　水力警铃

4. 水流指示器

水流指示器（如图 3-19 所示）的工作原理是某个喷头开启喷水或管网发生水量泄漏时，管道中的水产生流动，引起指示器中桨片转动接通延时电路后，继电器触电吸合发出区域水流电信号并送至消防控制室。

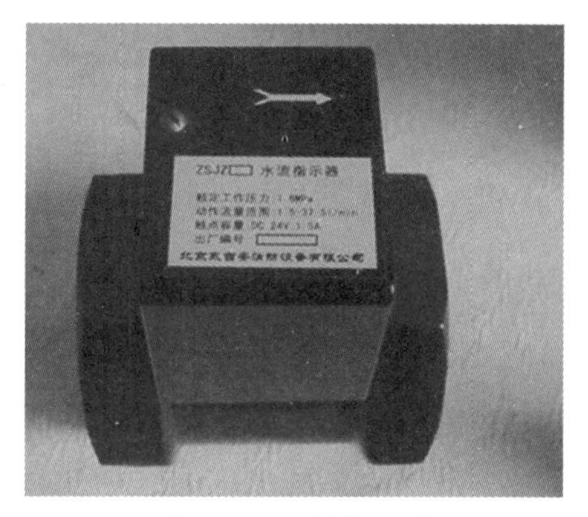

图 3-19　水流指示器

5. 压力开关

压力开关（如图 3-20 所示）的作用原理是在水力警铃报警的同时，依靠警铃管内水压的升高自动接通电触点，完成电动警铃报警，向消防控制室传送电信号或启动消防水泵。

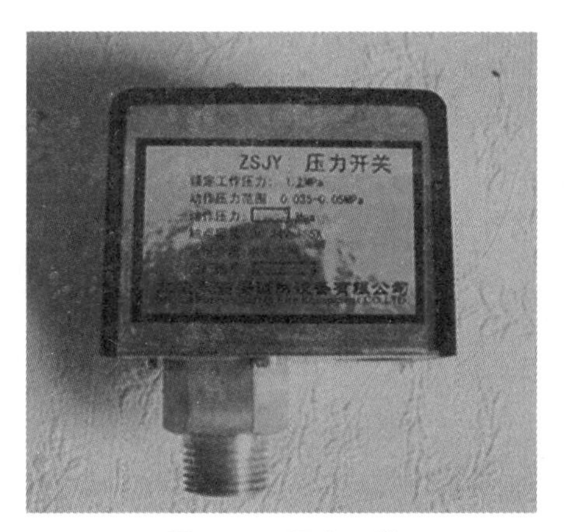

图 3-20　压力开关

6. 延迟器

延迟器（如图 3-21 所示）是一个罐式容器，安装于报警阀与水力警铃（或压力开关）之间。其作用是防止由于水压波动原因引起报警阀开启而导致的误报警。报警阀开启后，水流需经 30 s 左右充满延迟器后，方可冲打水力警铃。

图 3-21　延迟器

7. 末端试水装置

末端试水装置（如图 3-22 所示）安装在系统管线的末端，需加上一个排水阀（截止阀），阀前安装压力表组成的检验装置。打开排水阀门相当于一个喷头喷水，即可观察到水流指示器和报警阀是否正常工作，消防验收时用末端试水装置检验系统是否能正常工作。

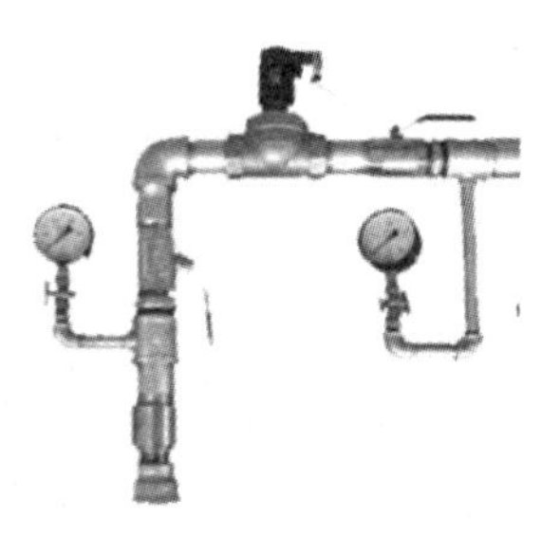

图 3-22　末端试水装置

火灾探测器是自动喷水灭火系统的重要组成部分。当其接收到火灾信号后，探测器把信号传输给火灾自动报警控制器进行报警或启动消防联动装置灭火，常用的有感烟和感温两种。

感烟探测器是利用火灾发生地点的烟雾浓度进行探测；感温探测器是通过火灾引起的温升进行探测。火灾探测器布置在房间或走道的天花板下面，数量根据探测器的保护面积和探测区面积计算而定。

二、自动喷水灭火系统的分类

自动喷水灭火系统的分类如图 3-23 所示。

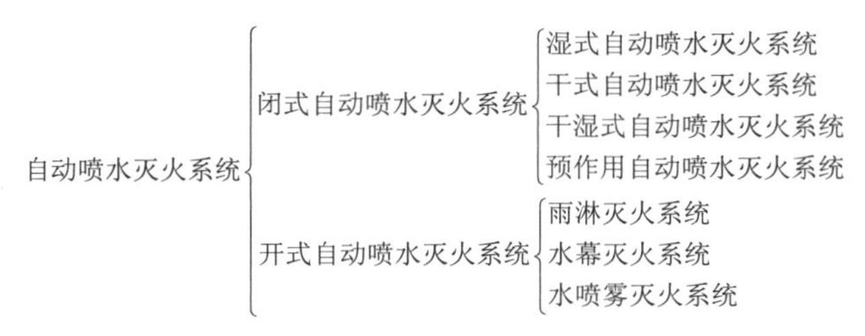

图 3-23　自动喷水灭火系统的分类

闭式灭火系统的喷头采用闭式喷头，通过喷头的热敏感元件动作，控制系统的启动。开式灭火系统的喷头采用开式喷头，通过雨淋阀的开启与关闭，控制灭火系统的启动。

三、自动喷水灭火系统的工作原理

1. 湿式自动喷水灭火系统

湿式自动喷水灭火系统由闭式喷头、湿式阀组和供水管路等组成。湿式自动喷水灭火系统为喷头常闭的灭火系统，管网中充有压水，当建筑物发生火灾时，火场温度达到喷头开启温度，喷头出水灭火。

湿式自动喷水灭火系统灭火及时、扑救效率高，但由于管网中充有压水，渗漏时会损毁建筑装饰和影响建筑使用。该系统只适用于环境温度 4~70 ℃的建筑物。

当建筑物内被保护范围出现火警，温度超越闭式喷头的额定温度（68 ℃）时，喷头的温感元件炸开，水喷洒出来进行灭火，该层的水流指示器同时被水流触动，转化为电信号，传输给消防控制中心，并在其控制箱的显示屏上显示，发出该区域的火警信号。水力警铃也被水流推动，发出报警铃声，由于给水管网内水被喷洒导致系统压力下降，触动压力开关，控制器监视到水流指示器、压力开关动作后，发出指令启动控制喷淋泵，从而保障火警区域的喷头洒水有足够的流量和水压，有效扑灭灾情。这一系列的动作，大约在喷头开始喷水后 30 s 内即可完成。

湿式自动喷水灭火系统工作原理，如图 3-24 所示。

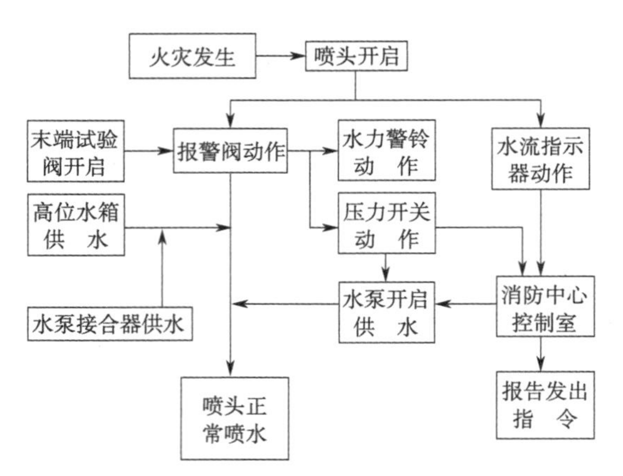

图 3-24 湿式自动喷水灭火系统工作原理

2. 干式自动喷水灭火系统

干式自动喷水灭火系统由干式喷头、干式阀组、排气加速器、自动充气装置和供水管路等组成。干式自动喷水灭火系统为喷头常闭的灭火系统，管网中平时不充水，充有有压空气（或氮气）。当建筑物发生火灾火点温度达到开启闭时喷头时，喷头开启排气、充水灭火。

干式自动喷水灭火系统管网中平时不充水，对建筑物装饰无影响，对环境温度也无要求，适用于采暖期长而建筑内无采暖的寒冷或高温场所，但该系统灭火时需先排气，故喷头出水灭火不如湿式系统及时。

干式自动喷水灭火系统工作原理。如图 3-25 所示。

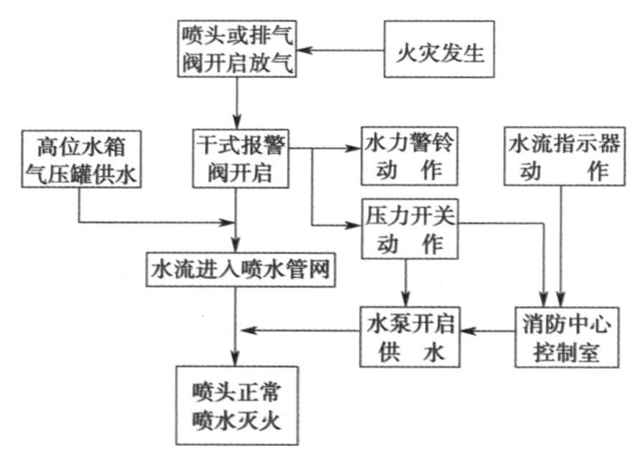

图 3-25 干式自动喷水灭火系统工作原理

3. 预作用喷水灭火系统

预作用喷水灭火系统由闭式喷头、雨淋阀组、火灾自动探测报警装置、自动充气装置和供水管路组成。预作用喷水灭火系统为喷头常闭的灭火系统，管网中平时不充水，发生火灾时，火灾探测器报警后，自动控制系统控制阀门排气、充水，由干式变为湿式。只有当着火点温度达到喷头开启温度时，才开始喷水灭火。

该系统综合了上述两种系统的特点，管网平时不充水，不影响建筑物的装修和装饰；管网有预报警充水过程，能在着火点温度达到喷头开启温度时及时灭火。预作用喷水灭火系统适用于冬季结冻和不能采暖的建筑物内，以及不允许有误喷而造成水渍损失的建筑物（如高级旅馆、医院、重要办公楼、大型商场）。

4. 雨淋喷水灭火系统

雨淋喷水灭火系统由开式喷头、雨淋阀组、火灾自动探测报警装置和供水管路组成。雨淋喷水灭火系统为喷头常开的灭火系统，当建筑物发生火灾时，由火灾自动探测报警装置控制打开闸门（雨淋阀），使整个保护区域所有喷头喷水灭火，形似倾盆大雨，故被称为雨淋系统。

雨淋喷水灭火系统出水量大、灭火及时，适用于火灾的水平蔓延速度快、闭式喷头的开放不能及时使喷水有效覆盖着火区域的场所或部位。

5. 水幕喷水灭火系统

水幕喷水灭火系统由水幕喷头、雨淋阀组、火灾自动探测报警装置和供水管路组成。该系统与雨淋系统一样，都是开式系统，系统的组成、控制方式到工作原理都与雨淋系统相同，区别是喷头不一样，水幕系统是水幕喷头，喷出的水呈水幕状，雨淋系统是开式喷头，喷出的水呈伞状。

水幕喷水灭火系统不具备直接灭火的能力，发生火灾时主要起阻火、冷却和隔离的作用，因此喷头沿线状布置，适用于需防火隔离的开口部位，舞台与观众之间的隔离水帘、消防防火卷帘的冷却等。

6. 水喷雾喷水灭火系统

水喷雾喷水灭火系统由水雾喷头、雨淋阀组、火灾自动探测报警装置和供水管路组成。该系统利用水喷雾喷头把水粉碎成细小的水雾之后喷射到正在燃烧的物质表面，通过表面冷却、窒息及乳化、稀释的同时实现灭火。

该系统具有较高的电绝缘性和良好的灭火性能，不仅可灭火，还可控制火势及防护冷却，主要用于保护火灾危险性大、火灾扑救难道大的专用设备或设施。但其要求的水压较其他自动喷水系统高，水量更大，使用时受一定限制。

◆ 任务实施

请完成任务布置，根据自动喷水灭火系统管道构造特征，分组讨论，画出思维导图。

解析：通过阅读和理解任务实施，详读深究教材。

任务三　认识其他灭火系统

◆ 任务引入

室内消火栓给水系统和自动喷水灭火系统是消防工程的两大主导系统，这两种系统灭火的介质都是水，但有些火灾用水扑灭反而会加重火势适得其反，还有些灭火场合这两种灭火系统并不适用，所以除了这两种灭火系统外，本任务将带领大家去了解其他的一些灭火方式。

◆ 任务布置（勾一勾；画一画；议一议，想一想；再背一背，做一做）

1. 勾一勾气体灭火系统有哪些，画一画其适用范围，议一议优缺点；
2. 勾一勾泡沫灭火系统的适用范围，想一想其作用原理；
3. 勾一勾干粉灭火系统的适用范围，想一想其作用原理；
4. 勾一勾固定消防炮灭火系统的分类及适用范围，想一想其作用原理。

◆ 相关知识

一、气体灭火系统

目前，常用的气体灭火系统主要有二氧化碳灭火系统、IG541 混合气体灭火系统、七氟丙烷灭火系统和热气溶胶灭火系统。气体灭火系统的优点是灭火后不留任何痕迹，无二次污染，但气体灭火系统大都需要高压储存、高压输送，危险系数大。

1. 二氧化碳灭火系统

CO_2 灭火原理主要在于窒息，其次是冷却。CO_2 灭火剂是液化气体型，一般以液相 CO_2 储存在高压瓶内，当 CO_2 以气体喷向燃烧物时，产生冷却和隔离氧气的作用。二氧化碳灭火系统，如图 3-26 所示。

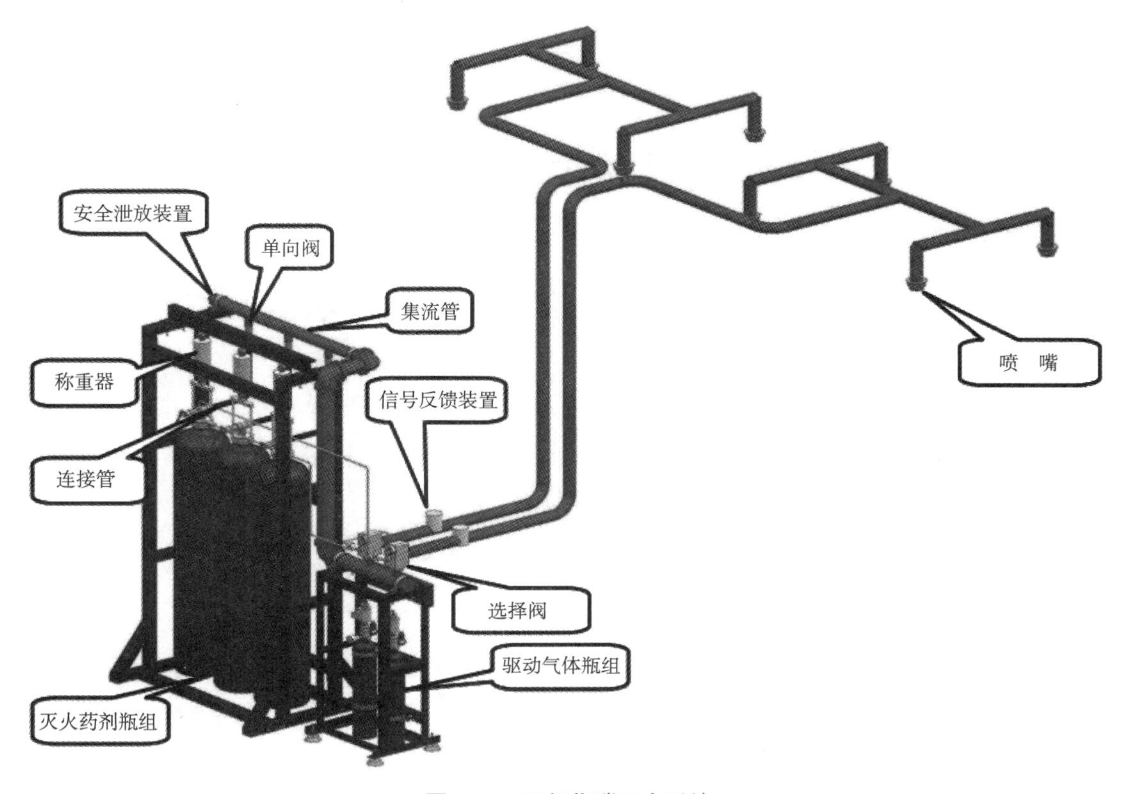

图 3-26　二氧化碳灭火系统

二氧化碳本身具有不燃烧、不助燃、不导电、不含水分，灭火后能很快散逸，对保护物不会造成污损等优点，是一种采用较早、应用较广的气体灭火剂。但二氧化碳含量达到 15%以上时能使人窒息死亡，因此二氧化碳灭火系统的选用要根据防护区和保护对象具体情况确定。全淹没 CO_2 灭火系统适用于无人居留或发生火灾能迅速（30 s 以内）撤离的防护区；局部 CO_2 灭火系统适用于经常有人的较大防护区内，扑救个别易燃烧设备或室外设备。

二氧化碳为化学性质不活泼的气体，主要用于扑救液体火灾，某些气体火灾、固体表面和电器设备火灾，但在高温条件下能与活泼金属发生燃烧反应，因此不适用于扑救活泼金属、含氧化剂的化学制品火灾。

2. IG541 混合气体灭火系统

IG541 混合气体灭火剂是由氮气、氩气和二氧化碳气体按一定比例混合而成的气体，这些气体都是在大气层中自然存在的，对大气臭氧层没有损耗，也不会对地球的“温室效应”产生影响，混合气体无毒、无色、无味、无腐蚀性及不导电，既不支持燃烧，又不与大部分物质产生反应。以环保的角度来看，IG541 混合气体灭火剂是一种较为理想的灭火剂，可用于扑救电气火灾、液体火灾或可溶化的固体火灾，固体表面火灾及灭火前能切断气源的气体火灾，但不可用于扑救活泼金属火灾。

IG541 混合气体灭火系统，如图 3-27 所示。

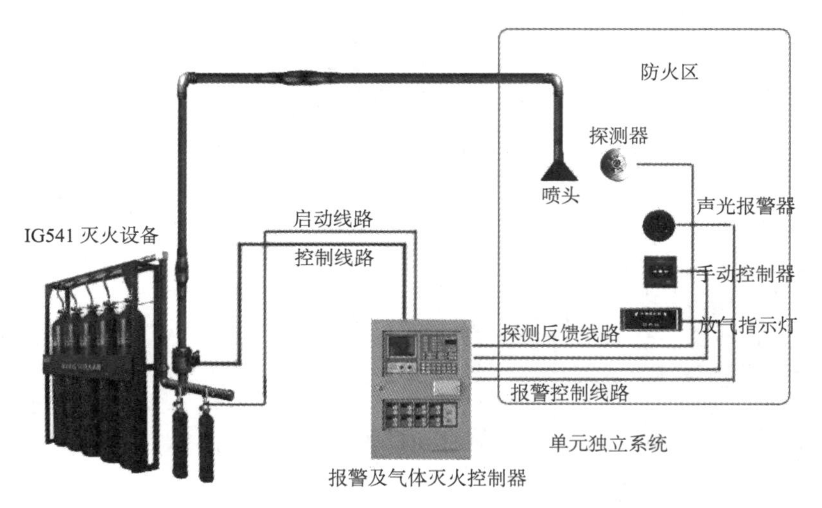

图 3-27　IG541 混合气体灭火系统

3. 七氟丙烷灭火系统

七氟丙烷灭火剂是一种无色、无味、不导电的气体，具有清洁、低毒、电绝缘性好，灭火效率高等特点，对臭氧层无破坏，不会污染环境和保护对象，其环保性能明显优于传统的 1301 和 1211 卤代烷灭火剂，被认为是替代卤代烷灭火剂的最理想的产品之一。七氟丙烷灭火系统，如图 3-28 所示。

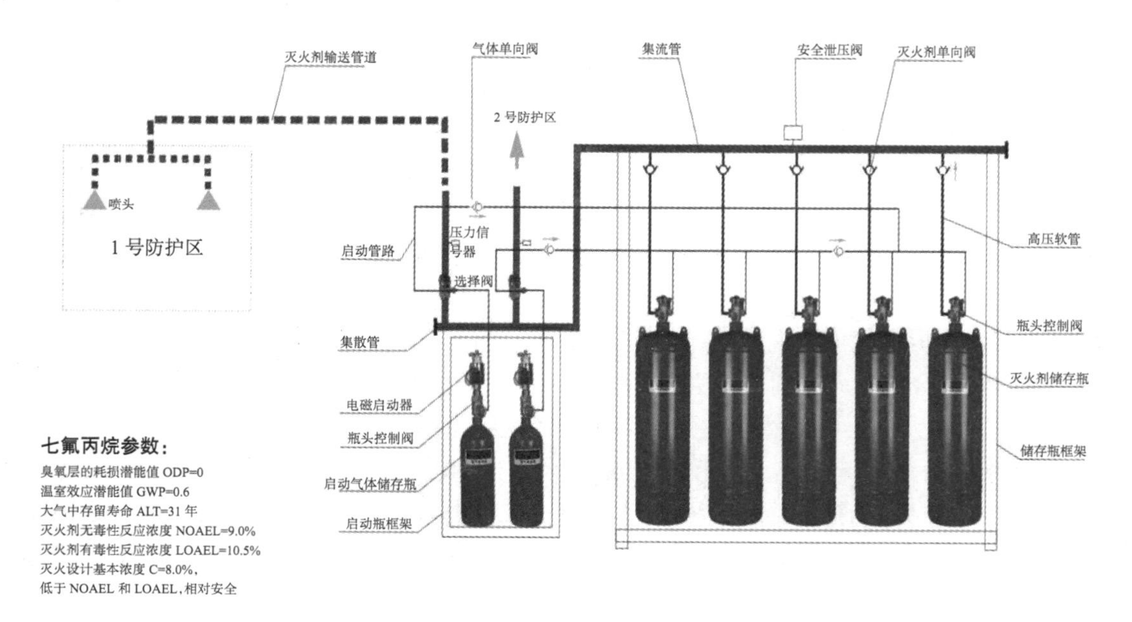

图 3-28　七氟丙烷灭火系统

七氟丙烷灭火系统具有效能高、速度快、环境效应好、不污染被保护对象、安全性强等特点，对人体基本无害，因此适用于有人工作的场所，但不可用于扑救活泼金属、含氧化剂的化学制品火灾。

4. 气溶胶灭火系统

气溶胶灭火器是用一定的化学和物理方法，把里面的灭火药剂以气溶胶的状态喷放出来进行灭火（如图 3-29 所示）。其灭火的基本原理是器材腔体内充装的固体灭火粒子发生剂在钾盐类产气药剂的相互作用下分解出大量高效灭火物质释放到外部，从而达到灭火的目的。

图 3-29　气溶胶

气溶胶灭火系统同样具备无毒、无公害、无污染、无腐蚀、无残留、不破坏臭氧层、环保等特点。其优点主要有两点：一是灭火剂以固态常温常压储存，不存在泄漏问题，维护方便；二是便携，属于无管网灭火系统，安装相对灵活，无须布置管道，工程造价相对较低。

气溶胶主要适用于扑救电气火灾、可燃液体火灾和固体表面火灾，计算机房、通信机房、变配电室、发电机房、图书室、档案室、丙类可燃液体等场所。

二、泡沫灭火系统

泡沫灭火系统采用泡沫液作为灭火剂，与水混溶后产生一种可漂浮物质，黏附在可燃、易燃液体或固体表面，或者充满某一着火物质的空间，起到隔绝、冷却的作用，使燃烧物质熄灭。

泡沫灭火系统主要用于扑救非水溶性可燃液体和一般固体火灾，如商品油库、煤矿、大型飞机库。系统具有安全可靠、灭火效率高等特点。

三、干粉灭火系统

干粉灭火系统是以干粉作为灭火剂的灭火系统，在组成上与气体灭火系统相类似。干粉灭火剂是一种干燥的、易于流动的细微粉末，平时储存于干粉灭火器或干粉灭火设备中，灭火时由加压气体（二氧化碳或氮气）将干粉从喷嘴射出，形成一股雾状粉流射向燃烧物，起到灭火作用。

干粉灭火系统造价低，占地小，不冻结，对于无水及寒冷的我国北方地区尤为适宜。干粉灭火系统适用于灭火前可切断气源的气体火灾，易燃、可燃液体和可熔化固体火灾，可燃固体表面火灾；不适用于火灾中产生含有氧的化学物质（硝酸纤维、可燃金属及其氢化物、钠、钾、镁等）可燃固体深位火灾，带电设备火灾。

四、消防炮灭火系统

消防炮是一种能够将一定流量、一定压力的灭火剂（水、泡沫混合液或干粉等）通过能量转换，将势能（压力能）转化为动能，使灭火剂以非常高的速度从炮头出口喷出，形成射流，从而扑灭一定距离以外的火灾，如图 3-30、3-31 所示。

图 3-30　固定消防炮

图 3-31　固定消防炮灭火

1. 固定消防炮灭火系统

固定消防炮灭火系统是由固定消防炮和相应配置的系统组件组成的固定灭火系统。

（1）按喷射介质分类

固定消防炮灭火系统分为水炮系统、泡沫炮系统和干粉炮系统。水炮系统的喷射灭火剂是水，是远距离扑救一般固体可燃物的消防设备。泡沫炮系统的喷射灭火剂是泡沫，适用于非水溶性可燃液体、固体可燃物火灾现场的固定消防炮系统。干粉炮系统的喷射灭火剂是干粉，适用于液化石油气、天然气等可燃气体火灾现场的固定消防炮系统。

（2）按控制装置分类

固定消防炮灭火系统分为远控消防炮灭火系统和手动消防炮灭火系统。远控消防炮灭火系统是可远距离控制消防炮的固定消防炮灭火系统。手动消防炮灭火系统是只能在现场手动操作消防炮的固定消防炮灭火系统。

（3）固定消防炮灭火系统的设置

难以设置自动喷水灭火系统的展览厅，观众厅等人员密集场所，丙类生产车间、库房等高大空间场所；具有爆炸危险性的场所；有大量有毒气体产生的场所，燃烧猛烈、产生强烈辐射热的场所；火灾蔓延面积较大且损失严重的场所；高度超过 8 m 且火灾危险性较大的室内场所；发生火灾时灭火人员难以及时接近或撤离固定消防炮位的场所等都宜采用固定消防炮灭火系统。

2. 智能消防炮灭火系统

智能消防炮灭火系统主要有寻的式智能消防炮灭火系统和扫射式智能消防炮灭火系统。

（1）寻的式智能消防炮灭火系统

大空间自动寻的消防炮灭火系统具有主动探测、自动定位和有效控制的灭火功能，既实现自动喷水灭火，又解决常规自动喷水系统感温部件在大空间场所内反应不及时的问题，灭火后自动关闭系统，能够重复启闭和多次使用，是一种经济高效的智能灭火系统。

（2）扫射式智能消防炮灭火系统

扫射式智能消防炮灭火系统多应用在室外危险场所。

展览厅、体育馆、仓库等大空间建筑物内常处于无人值守状态，火灾一旦发生，造成的损失将更加惨重，经多个国家论证研究，认为采用与火灾探测器联动的自动消防炮灭火系统是解决这一问题的较好方案。智能消防炮灭火系统指在无人工干预的情况下自动发现火灾，判断火源点的位置，自动调整消防炮的回转和俯仰角度，使其喷射口对准起火点，并开展灭火作业的消防炮灭火系统。与固定消防炮的区别是主动探测、主动定位、自动控制。

◆ 任务实施

请完成任务布置，并根据其他灭火系统管道构造特征，分组讨论。

解析：通过阅读和理解任务实施，详读深究教材。

学习效果测试

一、单项选择题

1. 消防供水水源应优先选用(　　)。

A. 市政给水　　B. 消防水池　　C. 天然水源　　D. 游泳池

2. 喷口用由热敏元件组成的释放机构封闭,当达到一定温度时能自动开启的喷头是(　　)。

A. 开式喷头　　B. 闭式喷头　　C. 半闭式喷头　　D. 半开式喷头

3. 可便携属于无管网灭火系统的是(　　)灭火系统。

A. 二氧化碳　　B. IG541 混合气体　　C. 七氟丙烷　　D. 气溶胶

二、多项选择题

1. 建筑消防系统根据使用灭火剂的种类和灭火方式可分为(　　)。

A. 建筑消火栓系统　　B. 自动喷水灭火系统

C. 其他灭火系统　　D. 消防炮灭火系统

2. 水泵结合器按其安装场合可分为(　　)。

A. 地上式　　B. 地下式　　C. 吊顶式　　D. 墙壁式

3. 报警阀有(　　)。

A. 湿式　　B. 干式　　C. 干湿式　　D. 雨淋式

三、简答题

1. 请问什么情况需设置消防水泵结合器?

2. 什么是自动喷水灭火系统?

3. 请说说自动喷水灭火系统的分类?

据中华人民共和国应急管理部消防救援局数据显示，近十年，我国发生高层建筑火灾3万多起，其中2021年全年共接报高层建筑火灾4057起，造成168人死亡。这些数据让我们沉痛，火灾不容易发生，但一旦发生，将给我们带来巨大的伤痛和财产损失。尽管火灾是无情的，可我们要去积极防范，用我们学到的消防知识采用更有效的措施去减少这些无情的事件发生，感触到火灾无情人有情，在我们努力学习知识保护自身同时，也让我们坚定保护他人的责任和履行社会责任的义务。

国家领导人指出民族复兴迫切需要培养造就一大批德才兼备的人才。希望大家能继承发扬老一辈人的精神，培养自己听党话、跟党走、有理想、有本领，有社会责任感，成为具有为国奉献钢筋铁骨的高素质人才。

让我们扫一扫，看看本项目的学习微课吧！

3.1 建筑消火栓系统2

3.1 建筑消火栓系统3

3.1 建筑消火栓系统1

3.2 认识自动喷水灭火系统

项目四　建筑通风与空调系统

【项目导读】

随着人们生活品质的提高，在炎炎夏日，空调几乎是每家每户的必需品，当我们在商场里享受清凉时，你是否了解空调系统呢？通风与空调系统你会认为是同一个系统，还是两种呢？在本项目里，我们将去了解与我们生活密切相关的通风与空调系统。

★★★★★ 高素质、高技能复合型人才培养 ★★★★★

【知识目标】

1. 熟悉建筑通风和空调系统的组成；
2. 熟悉建筑通风及空调系统的分类。

【能力目标】

1. 能根据掌握的通风和空调知识画出思维导图。

【思政目标】

1. 培养大家克服困难、不屈不挠、认真谨信的工匠精神；
2. 培养大家团结协作、友爱互助精神和责任感。

任务一　认识建筑通风系统

◆ 任务引入

通风和空调系统往往放在一起讲，但其实这是两个不同的概念，现在大家先认识一下建筑通风系统。

◆ 任务布置（勾一勾，画一画；议一议，想一想；再背一背，做一做）

1. 勾一勾建筑通风系统的组成，结合生活实际想一想；
2. 勾一勾建筑通风系统的分类，想一想生活中的案例。

◆ 相关知识

通风就是将室内空气(通常是被污染或有余热余湿的空气)直接(或经净化后)排至室外,把新鲜空气直接(或经适当处理后)补充进来,从而使室内空气符合卫生标准或生产工艺需要的过程。

一、通风系统的分类

(1)按处理空气的方式分

按处理空气的方式不同,通风系统可分为送风和排风。送风就是把室外新鲜空气或经过净化的空气补充进来,以保持室内的空气环境满足卫生标准和生产工艺的要求;排风是把室内被污染的空气直接或经过净化后排至室外。

(2)按工作动力分

按通风系统的工作动力不同,通风系统可分为自然通风和机械通风。自然通风主要依靠风压和热压来使室内外的空气进行交换,从而改变室内空气环境。自然通风又分为风压作用下的自然通风、热压作用下的自然通风、风压热压联合作用下的自然通风三种,如图4-1所示。

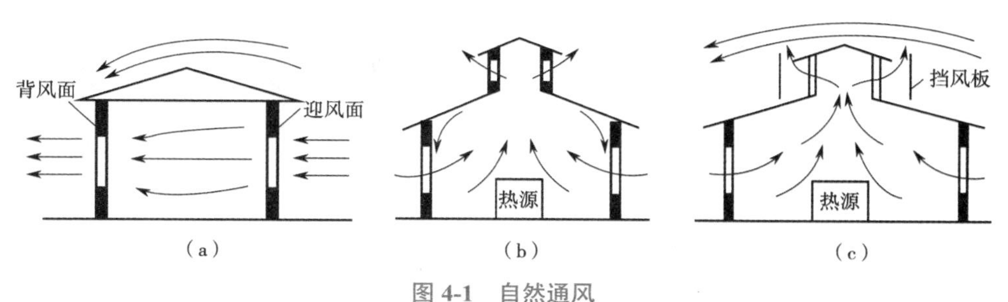

图 4-1 自然通风

(a)风压自然通风 (b)热压自然通风 (c)风压热压联合自然通风

机械通风是依靠通风机所造成的压力,来迫使空气流通进行室内外空气交换。机械通风包括机械送风和机械排风。机械通风的空气流动速度和方向可以控制,因此比自然通风更加可靠,但机械通风系统比较复杂,风机需要消耗电能,因此一次性投资和运行管理费用较高。

(3)按应用范围分

机械通风按照通风系统应用范围的不同,可分为局部通风和全面通风两种。局部通风又分为局部送风和局部排风。

局部送风(如图4-2所示)是将干净的空气直接送至室内人员所在的地方,以改善每位工作人员的局部环境,使其达到卫生和生产工艺要求的标准,而并非使整个空间环境达到该标准。

局部排风（如图 4-3 所示）是在产生污染物的地点直接将污染物捕集起来，经处理后排至室外。当污染物集中于某处发生时，局部排风是最有效的治理污染物对环境危害的通风方式。

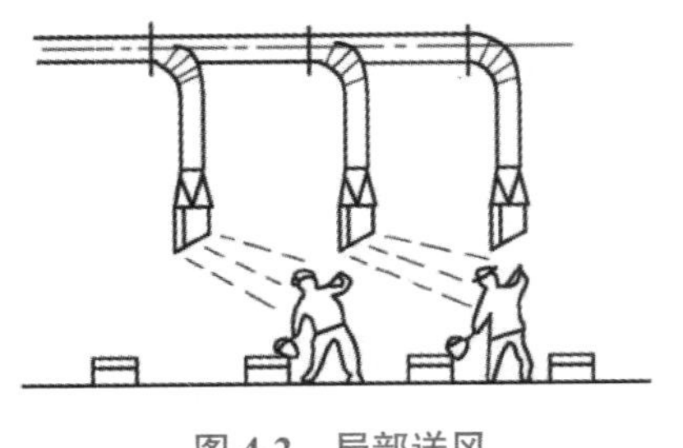
图 4-2　局部送风

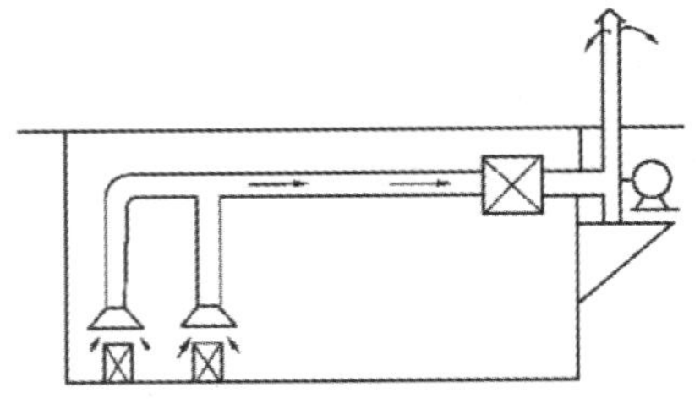
图 4-3　局部排风

全面通风（如图 4-4 所示）也称稀释通风，对于散发热、湿或有害物质的车间或其他房间，当不能采用局部通风或采用局部通风达不到卫生标准要求时，应辅以全面通风。

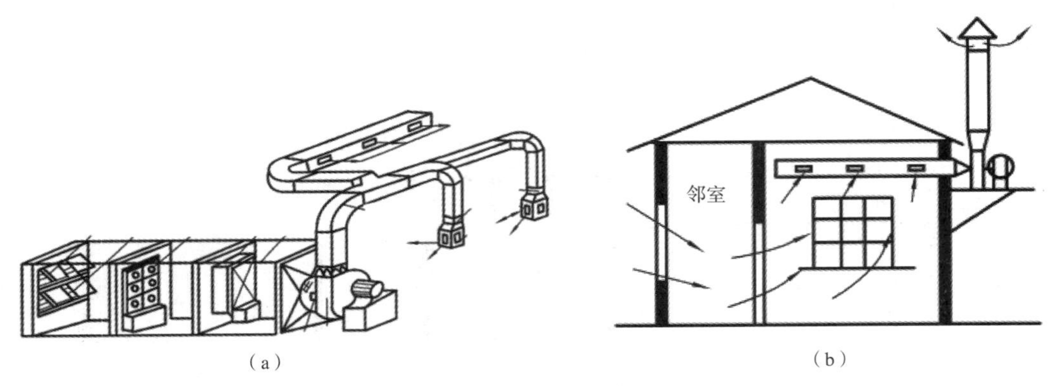

（a）　（b）

图 4-4　全面通风
（a）全面送风　（b）全面排风

二、通风系统的组成

通风系统一般包括风管、通风机、空气处理设备及风管部件等。

（1）风管

风管的作用是传输空气。根据制作方式的不同，通风管道可分为风管和风道。风管采用金属、非金属薄板或其他材料制作而成；风道采用混凝土、砖等建筑材料砌筑而成。管道的断面形状主要有矩形和圆形两种，如图 4-5、4-6 所示。在一般的排风除尘系统中，多用圆形风管，因为圆形风管的水力条件好，强度也比矩形风管高。

通风管道中还包括许多风管配件，弯头、三通、四通、变径、来回弯、天圆地方等，如图 4-7 所示。

图 4-5　矩形风管

图 4-6　圆形风管

图 4-7　天圆地方

（2）通风机

通风机是机械通风系统中的动力设备。工程中，常用的风机是离心风机和轴流风机如图 4-8 所示。

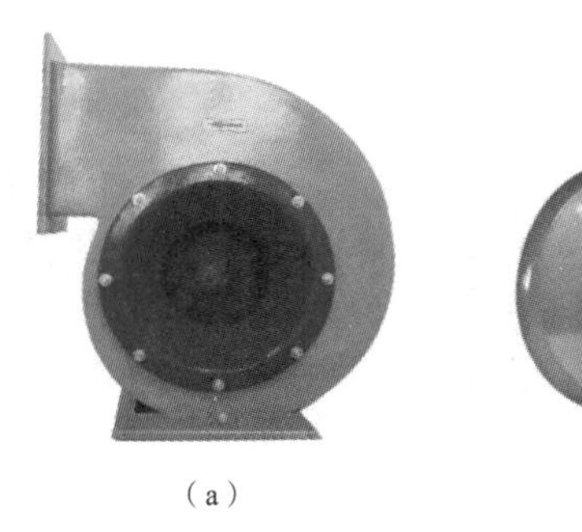

（a）　　（b）

图 4-8　通风机

（a）离心风机　（b）轴流风机

（3）空气处理设备

空气处理设备对空气进行必要的过滤、加热处理。送风系统中，一般将空气过滤器、空气加热器设置在同一个箱体中，这种箱体称作空气处理箱，如图 4-9 所示，采风口进入的空气经过空气处理箱的过滤和加热等处理后通过风管传输，经送风口送入室内。排风系统是空气净化设备，将有毒气体或含尘空气净化处理达标后排放到大气中，常用的净化设备主要是除尘器，如图 4-10 所示。

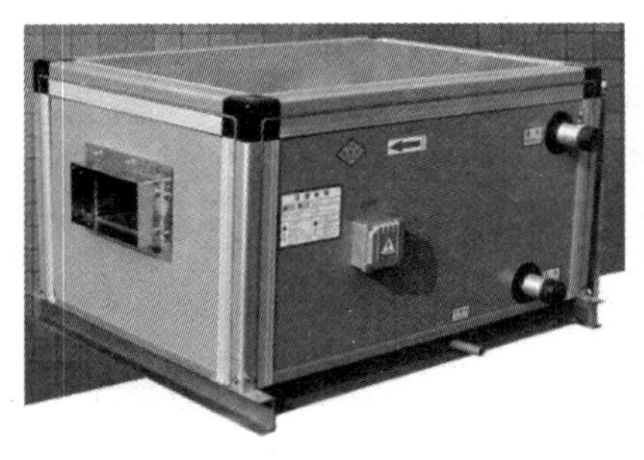

图 4-9　空气处理箱

图 4-10　除尘器

（4）风管部件

送风系统的风管部件主要有采风口、送风口和风量调节阀，如图 4-11 所示。采风口的作用是采集室外的新鲜空气，要求设在空气不受污染的外墙上，采风口上设有百叶风格或细孔的网格，以便挡住室外空气中的杂物进入送风系统。送风口的作用是直接将送风管道送过来的空气送至各个送风区域或工作点，主要有侧送风口、散流器、孔板送风口及喷射送风口等。风量调节阀用于送风系统的开、关和进行风量调节。常用的风量调节阀有插板阀、蝶阀、对开多叶调节阀等。

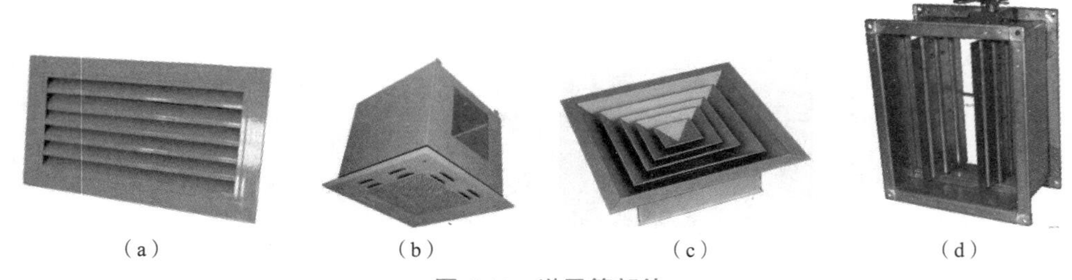

（a）　（b）　（c）　（d）

图 4-11　送风管部件

（a）采风口　（b）孔板送风口　（c）散流器　（d）对开多页调节阀

排风系统的风管部件主要有排风口、排风罩、排风帽，如图 4-12 所示。排风罩用来将污浊或含尘的空气收集并吸入风管内。排风口与送风口类似，通常采用单层百叶风口。排风帽是机械排风系统的末端设备，其作用是直接将室内污浊空气排至室外大气中，并防止雨水的侵入。

图 4-12　排风管部件
(a)排风罩　(b)单层百叶排风口　(c)排风帽

◆ 任务实施

请完成任务布置并根据建筑通风系统的构造内容,画出思维导图。
解析:通过阅读和理解任务实施,详读深究教材。

任务二　认识建筑空调系统

◆ 任务引入

空气调节是通风的高级形式,那么建筑空调系统究竟是怎么一回事呢?请大家认识一下建筑空调系统。

◆ 任务布置(勾一勾,画一画;议一议,想一想;再背一背,做一做)

1. 勾一勾空调系统的分类,想一想生活中的案例;
2. 勾一勾空调系统的组成;
3. 分组讨论通风与空调系统的区别。

◆ 相关知识

一、空调系统的分类

按空气处理设备位置的不同,空调系统分为集中式空调系统和局部式空调系统两种。

（1）集中式空调系统

集中式空调系统是将所有的空气处理设备集中安装在一个空调机房内，如图 4-13 所示。

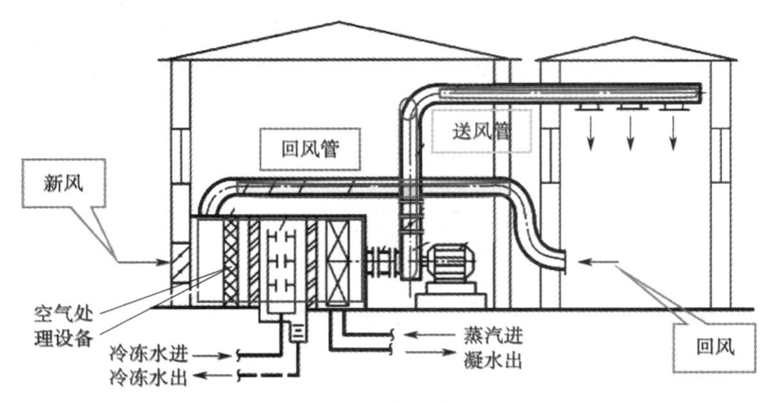

图 4-13　集中式空调系统

（2）局部式空调系统

局部式空调系统是将所有空气处理设备组装成一个整体（称为空调机组）。安装时将空调机组直接装于空调房间（或装在邻室，接管道至空调房间）。

二、空调系统的组成

空气调节是通风的高级形式。其作用是采用人为的方法，创造和保持室内温度、湿度、气流速度及空气洁净度。

空调系统包括送风系统和回风系统，通过风机将室外新鲜空气由新风口送入空气处理设备，同时回风口将一部分室内空气吸入回风管也送入空气处理设备，经处理达到温度、湿度等要求后，由风管输送并分配到各送风口送入室内。空调系统主要由空气处理、空气输配、冷热源及自控调节装置组成。

其中，空气处理部分是一个包括各种空气处理设备在内的空气处理室，主要对空气进行过滤、冷却、加湿、净化。空气输配主要指输送用的风管、风道、通风机及必要的风量调节装置；空气分配主要包括设置在不同位置的送风口、回风口和排风口。冷热源部分是指为空调系统提供冷量和热量的成套设备。自控调节装置是利用自动控制装置，保证空调房间内的空气环境状态参数达到期望值的控制系统，调节温度、湿度、洁净度、风速、风量等参数。

温馨提醒：通风系统和空调系统均对空气进行处理，但通风系统指送风或排风，空调系统指对新风和回风处理后进行送风，构成一个循环。

◆ 任务实施

请完成任务布置，并根据建筑空调系统的分类及组成构造特征，分组讨论。

解析：通过阅读和理解任务实施，详读深究教材。

学习效果测试

一、单项选择题

1. 依靠通风机所造成的压力，迫使空气流通进行室内外空气交换的是(　　)。

A. 送风　　B. 自然通风　　C. 机械通风　　D. 排风

2. 在产生污染物的地点直接将污染物捕集起来，经处理后排至室外的是(　　)。

A. 局部通风　　B. 自然通风　　C. 机械通风　　D. 全面通风

3. 对空气进行过滤、冷却、加湿、净化等的是(　　)。

A. 空气处理　　B. 空气输配　　C. 冷热源　　D. 自控调节装置

二、多项选择题

1. 按处理空气方式的不同，可将通风分为(　　)。

A. 送风　　B. 自然通风　　C. 机械通风　　D. 排风

2. 空调系统主要由(　　)组成。

A. 空气处理　　B. 空气输配　　C. 冷热源　　D. 自控调节装置

3. 自控调节装置的作用是调节(　　)。

A. 温度　　B. 湿度　　C. 洁净度　　D. 风速

三、简答题

1. 通风系统是如何分类的？
2. 通风系统的组成是什么？
3. 什么是空气调节？

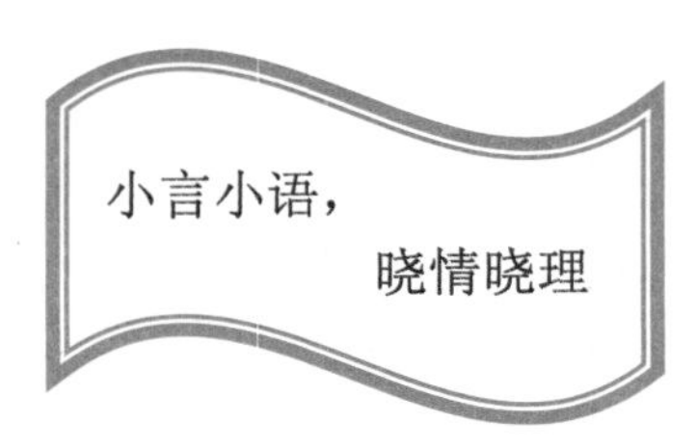

我国暖通空调领域第一位院士名叫江亿，他的成果不仅很多，而且跨度很大，从人民大会堂、故宫博物院等三十多个大型重点建筑的空调系统工程，到地铁升温、城市集中供热、苹果和大白菜产地储藏……他四十多年科教路上的行事准绳就是“人民送我上大学，我上大学为人民”，他认为做科研要关注人民生活中亟待解决的难题，实实在在做成对社会和老百姓有利的事。2003 年非典时期，他带领团队进入疫情重灾区北京市人民医院现场实测，分析研究病毒传播规律，为应对非典的通风空调系统的安全运行指明方向。在新冠肺炎疫情暴发的第一时间，就牵头成立了“中国制冷学会抗击新冠肺炎专家小组”，并撰写《应对新冠肺炎疫情安全使用空调（供暖）的建议》，为有效抑制新冠肺炎的空气传播献计献策。在他们的推动下，国家先后发布暖通的相关指南和规范，推动中国建设设计和空调系统朝着更健康的方向发展，使空调工程的重心，从工业建筑转向民用建筑；从满足工农业需求转向保障老百姓的生活，江亿始终认为不论何时，就是要为人民群众干真事、干实事。

江亿教授的成果让我们赞叹，他的品性更让我们敬佩，总书记也告诉我们当代中国青年是与新时代同向同行、共同前进的一代，生逢盛世，肩负重任。广大青年要爱国爱民，从党史学习中激发信仰、获得启发、汲取力量，不断坚定“四个自信”，不断增强做中国人的志气、骨气、底气，树立为祖国为人民永久奋斗、赤诚奉献的坚定理想。

让我们扫一扫，看看本项目的学习微课吧！

4　建筑通风
与空调系统 1

4　建筑通风
与空调系统 2

项目五　电气常用材料、设备概述

【项目导读】

重庆作为中国有名的四大火炉之一，炎炎夏日不可或缺给我们带来清凉冷风的功臣空调，那么给空调提供动力的电能，它怎么传输，大家是否有过相应的思索呢？每天夜晚，当我们在明亮的灯光下奋笔疾书或与朋友窃窃私语、捧腹大笑时是否研究过给我们带来光明的灯具、开关这些用电器具呢？在接下来的几个项目里，我们将到电气这个斑斓王国里去认识各种生活常用用电设备、电能传输的媒介电缆电线等等。本项目为前站，主要引导大家去认识常用电光源，以及常用电气材料。

★★★★★ 高素质、高技能复合型人才培养 ★★★★★

【知识目标】

1. 熟悉常用电光源种类、作用及其特征；
2. 熟悉并识记常用电气材料。

【能力目标】

1. 能根据掌握的常用电气材料知识画出思维导图；
2. 能根据掌握的常用电气材料知识结合生活案例做出 PPT 并在全班分享。

【思政目标】

1. 培养大家克服困难、不屈不挠、认真谨信的工匠精神；
2. 培养大家团结协作、友爱互助精神和责任感。

任务一　认识常用电光源及用电器具

◆ 任务引入

众所周知，灯具能发出不同颜色的光，可你知道光是怎么来的吗？这些造型各异的灯具都有些什么种类？分别有什么特征？适用什么场合？

◆ 任务布置(勾一勾,画一画;议一议,想一想;再背一背,做一做)

1. 请大家相互议一议哪些灯具是气体发光?哪些灯具是热辐射发光?哪些是固体发光?

2. 请在书中勾画出灯具的具体分类,并与大家探讨一下生活中你看见过哪一些,可以在课堂上与大家分享。

◆ 相关知识

一、电光源

凡将其他形式的能量转换成光能,从而提供光通量的设备、器具统称为光源。其中将电能转换为光能的设备器具则称为电光源。根据光产生的原理不同,常将电光源分为三类:一类是以热辐射作为光辐射原理的热致发光电光源,如白炽灯和卤钨灯;一类是气体放电发光电光源,常用低压气体放电光源有荧光灯和低压钠灯;常用高压气体放电光源有高压汞灯、金属卤化物灯、高压钠灯、氮灯;还有一类是固体发光电光源,如 LED 灯。

气体放电光源一般比热辐射光源光效高、寿命长,能制成不同光色,在电气照明中应用日益广泛。热辐射光源结构简单,使用方便,显色性好,在一般场所仍被普遍采用。

1. 白炽灯

白炽灯由灯头、灯丝和玻璃外壳组成。灯头有螺纹口和插口两种形式,可拧进灯座中,如图 5-1、5-2 所示。螺口灯泡的灯座,相线应接在灯座中心接点上,零线接到螺纹口端接点上。

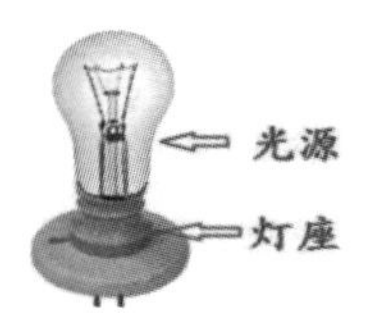

图 5-1　白炽灯

图 5-2　白炽灯

白炽灯灯丝由钨丝制成,当电流通过时加热钨丝,使其达到白炽状态而发光。白炽灯结构简单、使用方便、启动迅速、显色性好,主要缺点是发光效率低、寿命短。

2. 荧光灯

荧光灯又称日光灯,是气体放电光源。它由灯管、镇流器和启辉器三部分组成,如图 5-3

所示，灯管由灯头、灯丝和玻璃管壳组成。灯管两端分别装有一组灯丝与灯脚相连。灯管内抽成真空，再充以少量惰性气体（氩气）和微量的汞。玻璃管壳内壁涂有荧光物质，改变荧光粉成分可以获得不同的可见光光谱。目前荧光灯有日光色、冷白色、暖白色以及各种彩色等光色。灯管外形有直管形、U 形、圆形、平板形和紧凑型等。

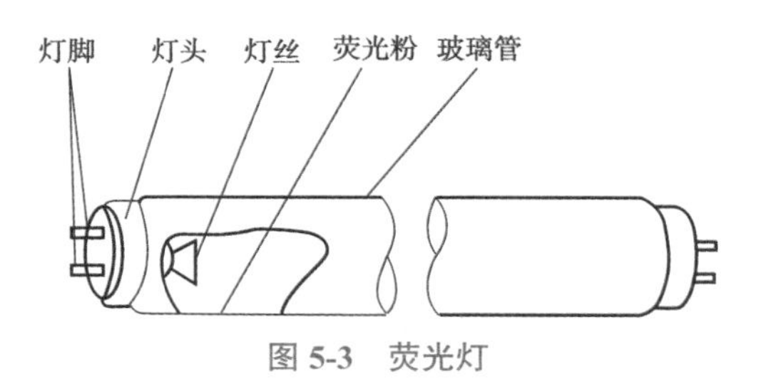

图 5-3　荧光灯

荧光灯具有发光效率高、光色好、表面温度低等优点，但显色性稍差、有频闪效应，适用于悬挂高度较低、需要照度较高、需要正确识别色彩的场所。

紧凑型荧光灯的灯管、镇流器和灯头紧密地连成一体（镇流器放在灯头内），故称为紧凑型荧光灯，如图 5-4 所示。由于无须外加镇流器，驱动电路也在镇流器内，整个灯通过灯头直接与供电网连接，这种荧光灯大都使用稀土元素三基色荧光粉，具有节能功能，同时又因荧光灯的发光效率高等优势，可直接取代白炽灯。

图 5-4　紧凑型荧光灯

3. LED 灯

LED 灯也叫发光二极管，是电致发光的固体半导体高亮度点光源，可直接发出红橙黄绿蓝紫各种色光和白光，如图 5-5 所示。LED 灯适用性强、稳定性高、响应时间短，易于实现自动控制，应用灵活，具有高效节能、超长寿命、绿色环保、耐冲击和防振动、无频闪、光效率高、低电压下工作安全等特点，广泛应用于建筑照明工程中，单个大功率价格贵，多个 LED

并联使用后价格降低，但显色指数低，在 LED 照射下显示的颜色没有白炽灯真实。LED 灯因其强大的优势，迅速占领市场，国家越来越重视照明节能及环保问题，已经在大力推行使用 LED 灯具。

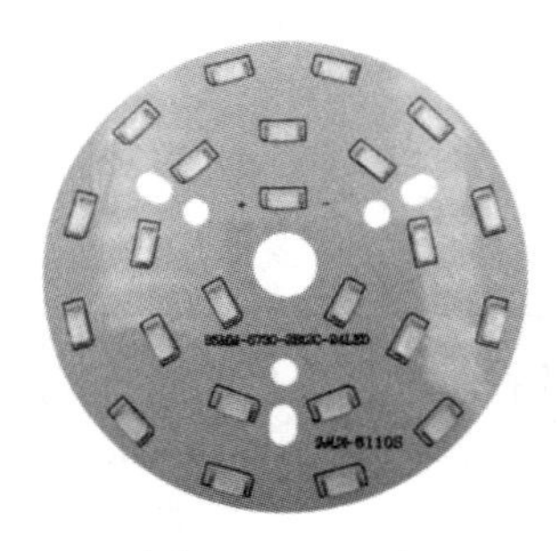

图 5-5　LED 灯

LED 灯有灯泡、灯管吗？

二、照明灯具

照明灯具是能透光、分配和改变光源光分布的器具，是光源、附件和灯罩的总称，在电气工程中，仅仅认识光源是不够的，还需要正确地选择灯具。灯具的作用是固定保护光源、合理配光，保证特殊场所照明安全（如防爆、防尘、防水）、发挥装饰效果等。

灯具的分类方法很多，通常按灯具的灯具的结构和安装方式进行分类。

1. 按结构分

灯具按结构分为开启型、闭合型、封闭型、密闭型、防爆安全型、隔爆型和防腐型。

1）开启型　光源裸露在外，与外界相通，灯具是敞口的或无灯罩的。

2）闭合型　透光罩将光源包围起来，但透光罩内外空气能自由流通，尘埃易进入罩内。

3）封闭型　透光罩固定处加以封闭，使尘埃不易进入罩内，当内外气压不同时空气仍能流通，主要用于户外或恶劣环境中，如公共道路、停车场、室外广告牌，以防止雨水、杂物、灰尘等进入灯具内部，影响灯具的使用寿命。

4）密闭型　透光罩固定处加以密封，与外界可靠地隔离，内外空气不能流通。根据用途又分为防水防潮型和防水防尘型，适用于浴室、厨房、潮湿或有水蒸气的车间、仓库及隧道、露天堆场等场所。

5）防爆安全型　这种照明器适用于在不正常情况下可能发生爆炸危险的场所。其功能主要是使周围环境中的爆炸性气体进不了照明器内，可避免照明器正常工作中产生的火花引起爆炸。

6）隔爆型　这种照明器适用于在正常情况下可能发生爆炸的场所。其结构特别坚实，即使发生爆炸，也不易破裂。

7）防腐型　这种照明器适用于含有腐蚀性气体的场所。灯具外壳用耐腐蚀材料制成，且密封性好，腐蚀性气体不能进入照明器内部。

2. 按安装方式分

灯具按安装方式分为吸顶式、嵌入式、悬吊式、壁式等。

1）吸顶式　照明器吸附在顶棚上，适用于顶棚比较光洁且房间不高的建筑内，如图 5-6 所示。这种安装方式常有一个较亮的顶棚，但易产生眩光，光通利用率不高。

图 5-6　吸顶灯

2）嵌入式　照明器的大部分或全部嵌入顶棚内，只露出发光面，如图 5-7 所示，适用于低矮的房间。一般来说顶棚较暗，照明效率不高。若顶棚反射比较高，则可以改善照明效果。

图 5-7　嵌入式灯

3）悬吊式　照明器挂吊在顶棚上，根据挂吊的材料不同可分为线吊式、链吊式和管吊式，如图 5-8 所示。这种照明器离工作面近，常用于建筑物内的一般照明。

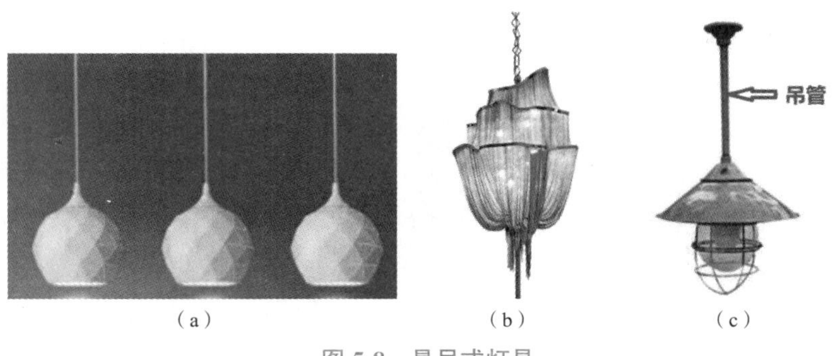

图 5-8　悬吊式灯具

（a）线吊式　（b）链吊式　（c）管吊式

4）壁式　照明器吸附在墙壁上。壁灯不能作为一般照明的主要照明器，只能作为辅助照明，富有装饰效果。由于安装高度较低，易成为眩光源，多采用小功率光源。

5）枝形组合型　照明器由多枝形灯具组合成一定图案，俗称花灯，如图5-9所示。一般为吊式或吸顶式，以装饰照明为主。大型花灯灯饰常用于大型建筑大厅内，小型花灯也可用于宾馆、会议厅等。

图5-9　花灯

6）嵌墙型　照明器的大部分或全部嵌入墙内或底板面上，只露出很小的发光面，如图5-10所示。这种照明器常作为地灯，用于室内作起夜灯用，或作为走廊和楼梯的深夜照明灯，以避免影响他人的夜间休息。

图5-10　嵌墙型灯

三、开关

灯开关按其安装方式可分为明装开关和暗装开关；按其开关操作方式又分为拉线开关、跷板开关等；按其控制方式有单控开关和双控开关，如图5-11所示。

（a）

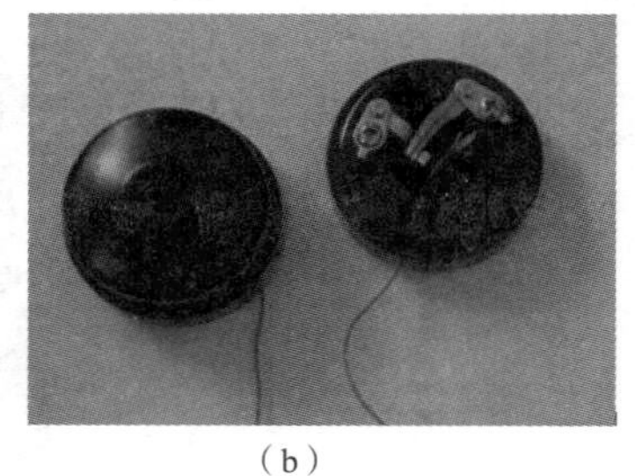

（b）

图5-11　灯开关

（a）明装开关　（b）拉线开关

灯开关安装位置要便于操作，开关边缘距门框的距离宜为0.15~0.2 m；开关距地面高度宜为1.3 m；拉线开关距地面高度宜为2~3 m，层高小于3 m时，拉线开关距顶板不小于100 mm且拉线出口应垂直向下。

同一建（构）筑物的开关宜采用同一系列的产品，单控开关的通断位置应一致，且应操作灵活、接触可靠。

四、插座

插座是各种移动电器的电源接取口，如台灯、空调。插座的分类有单相双孔插座、单相三孔插座、三相四孔插座、三相五孔插座、防爆插座、地插座、安全型插座等。

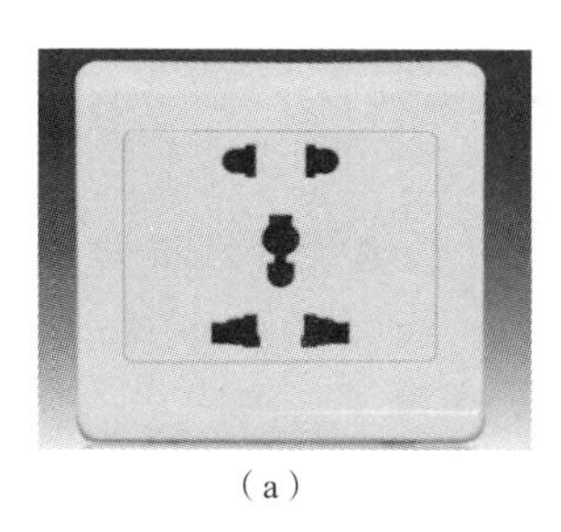
（a）

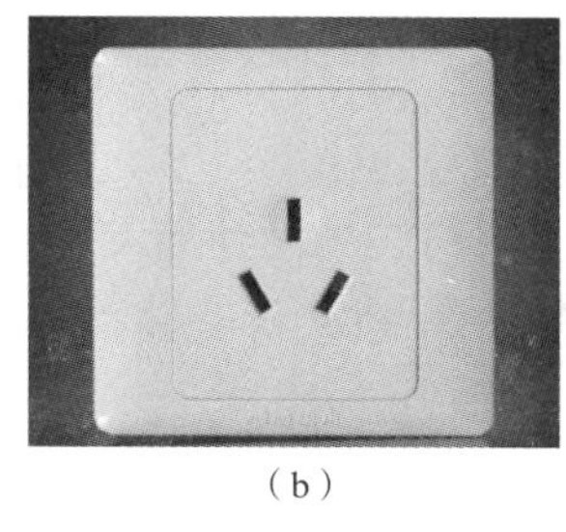
（b）

（c）

图5-12　插座

（a）单相五孔插座　（b）单相三孔插座　（c）三相四孔插座

插座的安装高度应符合设计规定，设计未规定一般距地0.3 m；托儿所、幼儿园、小学校等儿童活动场所，未采用安全插座时，高度不小于1.8 m；潮湿场所采用密封型并带保护地线触头的保护型插座，安装高度不低于1.5 m。同一场所安装的插座高度应一致。

◆ 任务实施

请完成任务布置，并根据电气常用材料及常用设备内容，分组讨论，画出思维导图或制作PPT。

解析：通过阅读和理解任务实施，详读深究教材。

任务二　认识常用电气材料

◆ 任务引入

照明灯具给我们带来光明，我们已经知道是通过灯具将电能转换为光能和热能，那电是由什么材料传输过来的呢？让我们去认识一下它们吧。

◆ 任务布置（勾一勾，画一画；议一议，想一想；再背一背，做一做）

1. 勾一勾并背一背绝缘导线的组成、材料、规格、优缺点；
2. 勾一勾并背一背电力电缆的种类、结构、型号及名称；
3. 勾一勾并背一背金属保护管和塑料保护管的分类、适用场合；
4. 勾一勾并背一背桥架的组成及分类。

◆ 相关知识

电气中，传输电能的常用导电材料主要有绝缘导线、裸导线、电缆、母线，为了保护这些导电材料，需在导电材料外安装保护管、桥架等安装材料。

一、绝缘导线

绝缘导线由导电线芯包覆绝缘层而成。按绝缘材料主要分为聚氯乙烯绝缘电线及橡皮绝缘电线，由于橡皮绝缘电线生产工艺更为复杂，且橡皮绝缘物中某些化学成分会和铜产生轻微的化学作用，因此聚氯乙烯绝缘电线基本替代了橡皮绝缘电线。聚氯乙烯绝缘电线性能良好、生产工艺简单、造价低廉、应用广泛，但塑料绝缘材质受限，不耐高温，易老化，故不宜在室外敷设。

绝缘导线一般为单芯，按线芯结构可分为单股和多股，如图 5-13、5-14 所示。按线芯截面分为 1.5 mm^2、2.5 mm^2、4 mm^2、6 mm^2、10 mm^2、16 mm^2、25 mm^2、35 mm^2、50 mm^2、70 mm^2、95 mm^2、120 mm^2 等规格。按线芯材料可分为铜芯和铝芯，相较于铝芯，铜芯有较多的优势，电阻率低、导线性能好，电压损失低，能耗低；载流量大，耐高温，抗疲劳等。《民用建筑电气设计标准》（GB 51348——2019）规定：导体截面面积在 10 mm^2 及以下的线路应选用铜芯。铝芯电线的性能不及铜芯电线，但也有价格低廉、重量轻、抗氧化等优势，适用于中压室外架空线路。常用绝缘电线型号名称及主要应用范围见表 5-1。

图 5-13　多股电线

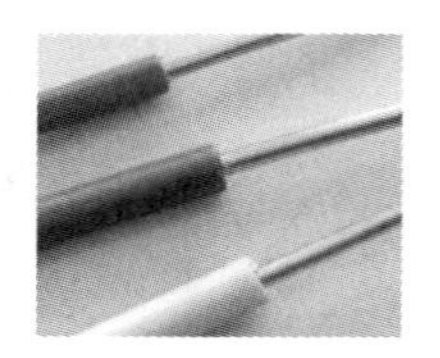

图 5-14　单股电线

表 5-1　常用绝缘电线型号名称及主要应用范围

型号	名　称	主要应用范围
BV	铜芯聚氯乙烯塑料绝缘线	户内明敷或穿管敷设
BLV	铝芯聚氯乙烯塑料绝缘线	
BX	铜芯橡胶绝缘线	户内明敷或穿管敷设
BLX	铝芯橡胶绝缘线	
BVV	铜芯聚氯乙烯塑料护套线	户内明敷或穿管敷设
BLVV	铝芯聚氯乙烯塑料护套线	
BVR	铜芯聚氯乙烯塑料绝缘软线	用于要求柔软电线的地方，可明敷或穿管敷设
BLVR	铝芯聚氯乙烯塑料绝缘软线	
BVS	铜芯聚氯乙烯塑料绝缘双绞软线	用于移动式日用电器及灯头连接线
RVB	铜芯聚氯乙烯塑料绝缘平行软线	
BBX	铜芯橡胶绝缘玻璃丝编织线	户外明敷或穿管敷设
BBLX	铝芯橡胶绝缘玻璃丝编织线	

注：①B-布线，V-聚氯乙烯绝缘；
②NH-BV 表示耐火型；ZR-BV 表示阻燃型。

二、电缆

一般民用安装工程，常用电缆按用途可分为电力电缆、控制电缆、通信电缆，其中电力电缆用于动力和照明电能的传输和分配；控制电缆电压等级比电力电缆低，用于传输、控制和检测各种机械和设备的信号；通信电缆用于音频、视频模拟或数字信号的传输等。

电力电缆的使用电压范围可从几百伏到几千伏，并具有防潮、防腐蚀、防损伤、节约空间、易敷设、运行简单方便等特点，广泛用于电力系统、工矿企业、高层建筑。

1. 电力电缆的种类

按绝缘类型和结构，常用的电力电缆可分为聚氯乙烯绝缘电缆、交联聚乙烯绝缘电缆、油浸纸绝缘电缆、橡皮绝缘和矿物绝缘电缆等。其中，聚氯乙烯绝缘电缆、交联聚乙烯绝缘电缆应用最为广泛。

2. 电力电缆的基本结构

电缆是在导线的外面加上增强绝缘层和防护层的绝缘导线，一般由多层构成，一根电缆内可以有若干根芯。电力电缆一般为单芯、双芯、三芯、四芯和五芯，线芯按截面形状分为圆形、半圆形和扇形，扇形使用较多，多用于 1~10 kV 三芯和四芯电缆。按线芯材料可分为铜芯和铝芯，具体结构见图 5-15、图 5-16 所示。

图 5-15　铜芯电缆

图 5-16　铝芯电缆

线芯的外部是绝缘层，多芯电缆的线芯之间加填料（黄麻或塑料），多芯合并后外面是绝缘内护套，护套外有些还要加钢铠防护层，以增加电缆抗拉和抗压强度，钢铠层外再加绝缘外护套。因为电缆具有较好的绝缘层和防护层，敷设时可不再另外采用其他绝缘措施。

3. 电缆型号及名称

电缆型号的内容包含用途类别、绝缘材料、导体材料、铠装保护层等，电缆型号含义如表 5-2 所示，一般型号表示如图 5-17 所示。

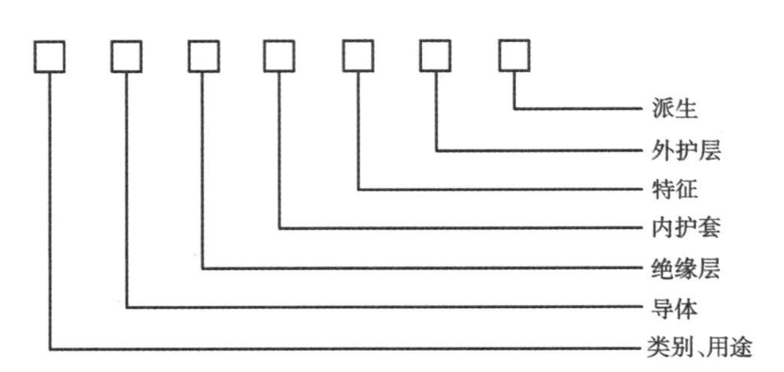

图 5-17　电缆型号

表 5-2　常用电缆型号字母含义及排列顺序

类　别	线芯材料	绝缘种类	内 护 层	其他特征	外 护 层
电力电缆不表示 K-控制电缆 Y-移动式软电缆 P-信号电缆 H 市内电话电缆	T-铜 （省略） L-铝	Z-纸绝缘 X-橡皮 V-聚氯乙烯 Y-聚乙烯 YJ-交联聚乙烯	Q-铅护套 L-铝护套 H-橡套 （H）F-非燃性橡套 V-聚氯乙烯护套 Y-聚乙烯护套	D-不滴流 F-分相铅包 P-屏蔽 C-重型	2 个数字 见下表（前一个表示铠装结构，后一个数字表示外被层结构）

电缆外护层由 2 个数字表示，前一个表示铠装结构，后一个表示外护层结构，其含义见表 5-3。

表 5-3 电缆外护层代号的含义

第一个数字		第二个数字	
代号	铠装层类型	代号	外被层类型
0	无	0	无
1	—	1	纤维绕包
2	双钢带	2	聚氯乙烯护套
3	细圆钢丝	3	聚乙烯护套
4	粗圆钢丝	4	—

例如，ZR-YJ(L)V_{22}-3×150-10-500：表示铜(铝)芯交联聚乙烯绝缘、聚氯乙烯护套、双钢带铠装、三芯、150 mm^2、电压 10 kV、长度为 500 m 的阻燃电力电缆。NH-VV_{22}(4×25+1×16)：表示铜芯、聚氯乙烯绝缘护套、双钢带铠装、四芯 25 mm^2、一芯 16 mm^2 的耐火电力电缆。KVV(3×25)：表示铜芯、聚氯乙烯绝缘护套、三芯 25 mm^2、一芯 16 mm^2 的控制电缆。

三、金属管

通常使用的金属管有厚壁钢管、薄壁钢管、金属波纹管和普利卡套管四类。

1)薄壁钢管　薄壁钢管又称电线管，管径以外径计算。内外均做过防腐处理。电线管不论管径大小，管壁厚度均为 1~1.6 mm，多用于敷设在干燥场所的电线、电缆的保护管，既可明敷也可暗敷。

2)厚壁钢管　厚壁钢管又称焊接钢管，管径以公称直径计算。焊接钢管的管壁较厚，按管径的不同分成 2.5 mm 和 3 mm 两种，还可分为镀锌管和不镀锌黑管，若是黑管则在使用前需先做防腐处理。地下、一些潮湿的场所、有轻微腐蚀性气体的场所、有防爆要求的场所通常选用焊接钢管。

3)金属波纹管　金属波纹管也叫金属软管或蛇皮管，如图 5-18 所示，主要用于设备配线或管、槽与设备的连接。它是用 0.5 mm 以上的双面镀锌薄钢带加工压边卷制而成。

4)普利卡金属套管　普利卡金属套管又叫可挠金属套管，如图 5-19 所示，主要用于砖、混凝土内暗设和吊顶内敷设，钢管、电线管与设备连接间的过渡。外层由镀锌钢带卷绕成螺纹状，里层为电工纸。它是可挠性金属套管，具有搬运方便、施工容易等特点。

图 5-18　金属波纹管

图 5-19　普利卡金属套管

四、塑料管

电气工程中常用的塑料管有硬质塑料管 PVC 和半硬性塑料管。为了保证建筑电气线路安装符合防火规范要求，各种塑料管均应具有良好的阻燃性能，若有防火要求，则应采用钢管。

1）硬质塑料管 PVC（如图 5-20 所示）　PVC 塑料管为白色，管材长度一般 4 m/根，绝缘性能好，耐腐蚀，抗冲击、抗拉、抗弯强度大（可以冷弯），不燃烧，附件种类多，是建筑物中暗敷设常用的管材。但因塑料管在高温下机械强度下降，故在温度高于 40 ℃的场所及常发生碰撞、摩擦的场所不使用。

2）半硬性塑料管　半硬性塑料管又叫 PVC 阻燃塑料管，多用于一般居住和办公建筑等干燥场所的电气照明工程中，通常暗敷布线。半硬性塑料管又分为聚氯乙烯半硬质管（如图 5-21 所示）和聚氯乙烯波纹管（如图 5-22 所示）。聚氯乙烯半硬质管又叫流体管，由于半硬质管易弯曲，主要用于砖混结构中开关、灯具、插座等处线路的敷设；聚氯乙烯波纹管也叫可挠管，波纹管的抗压性和易弯曲性比半硬质管好，但波纹管比半硬质管薄，易破损。另外，由于管上有波纹，穿线的阻力较大。

图 5-20　硬质塑料管

图 5-21　半硬性塑料管

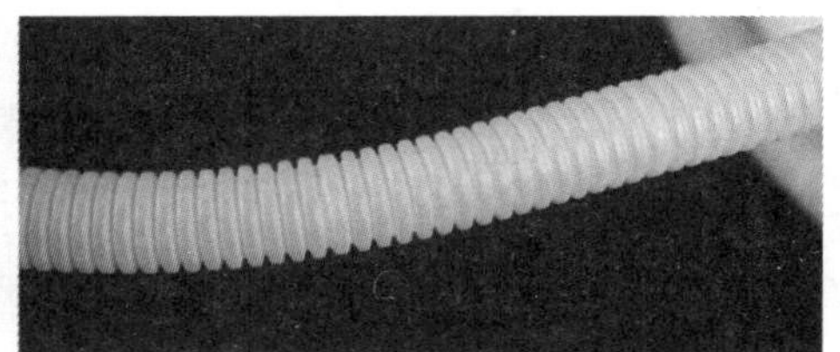

图 5-22　聚氯乙烯波纹管

五、桥架

电缆桥架是由托盘、梯架的直线段、弯通、附件以及支、吊架等构成，用以支承电缆的连续性的刚性结构系统的总称。安装后的电缆桥架整齐美观，广泛应用在发电厂、变电站、工矿企业、各类高层建筑、大型建筑及各种电缆密集场所和电气竖井内，集中敷设电缆，使电缆安全可靠运行，减少外力对电缆的损害，方便维修。电缆桥架具有制作工厂化、系列化、质量容易控制、安装方便等优点。

桥架按制造材料分为钢制桥架、铝合金桥架、玻璃钢阻燃桥架等；按结构形式分为梯级式、托盘式、槽（盒）式、组合式，如图 5-23 所示。

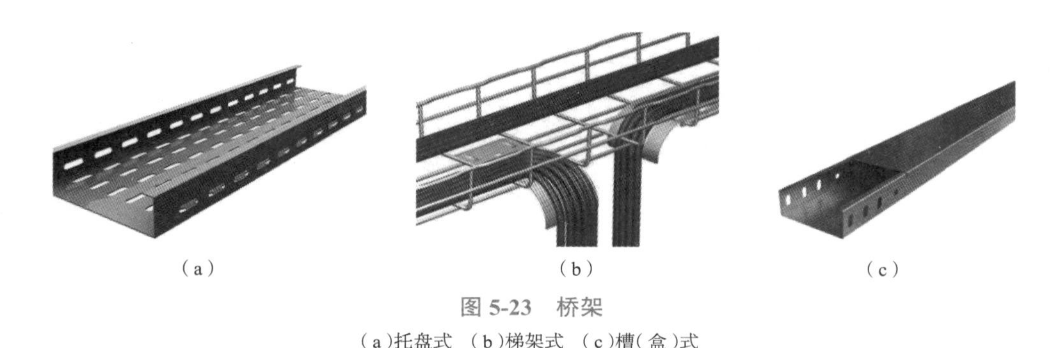

（a）　（b）　（c）

图 5-23　桥架

（a）托盘式　（b）梯架式　（c）槽（盒）式

电缆托盘、梯架布线适用于电缆数量较多或较集中的场所；金属槽盒布线一般适用于正常环境的室内明敷工程，不宜在有严重腐蚀及易受严重机械损伤的场所使用。有盖的封闭金属槽盒可在建筑物顶棚内敷设；难燃封闭槽盒用于电缆防火保护，属轻型封闭式，能阻断燃烧火焰，能维持盒内电缆正常的工作，具有耐腐蚀、耐油、耐水、强度高、安装简便等优点，适合含潮湿、盐雾、有化学气体和严寒、酷热等环境条件下使用，或应用于发电厂、变电所、供电隧道、工矿企业等电缆密集场所，以防止电缆着火延燃，满足重要电缆回路防火、耐火分隔。

组合式桥架是一种新型桥架，是第二代电缆桥架产品，如图 5-24 所示，主要适用于各项工程中各单元电缆的敷设，具有结构简单、配置灵活、安装方便、形式新颖等特点。组合式桥架一般只要采用宽 100 mm、150 mm、200 mm 的三种基本型号即可组成所需要的各种尺寸的电缆桥架，无需单独生产弯通、三通等配件，直接根据现场情况，安装时组合成任意的转向、变径、引上、引下等型式桥架，在组合式桥架的任意部位，不需要打孔、焊接就可用管引出。不仅方便了工程设计，又方便生产运输，更方便安装施工，节约了成本，提高了效率，是目前应用较为广泛的一种新型桥架。

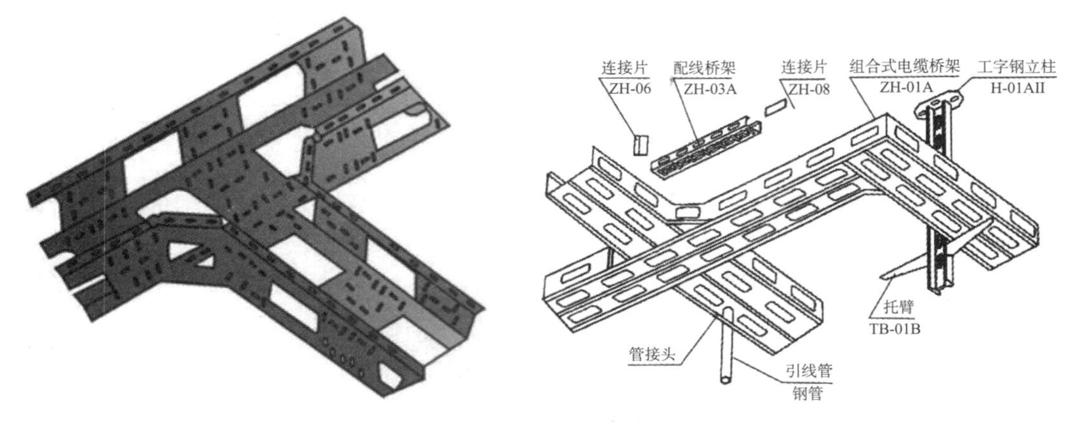

图 5-24　组合式桥架

请大家思考桥架和金属线槽(如图 5-25 所示)是同一种安装材料吗?

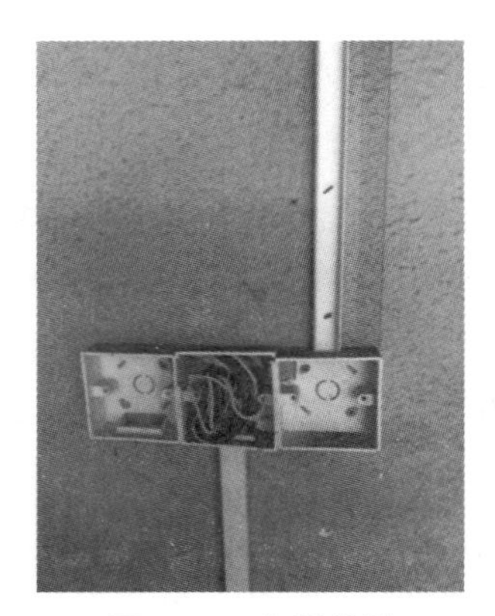

图 5-25　金属线槽

◆ 任务实施

请完成任务布置并根据常用电气导电材料和安装材料的构造特征,分组讨论,画出思维导图。

解析:通过阅读和理解任务实施,详读深究教材。

第一滴　其他导线

★★★☆☆

一、裸导线

裸导线(如图 5-27 所示)是没有绝缘层的导线,包括铜线、铝线、铝绞线、铜绞线、钢芯铝绞线和各种型线等。裸导线主要用于户外架空电力线路(如图 5-26 所示)以及室内配电柜、箱内汇流排。

图 5-26　裸导线敷设

图 5-27　裸导线

在架空配电线路中,铜绞线因其具有优良的导线性能和较高的机械强度,且耐腐蚀性强,一般应用于电流密度较大或化学腐蚀较严重的地区;铝绞线的导电性能和机械强度不及铜导线,一般应用于档距比较小的架空线路;钢芯铝绞线具有较高的机械强度,导电性能良好,适用于大档距架空线路敷设;防腐钢芯铝绞线适用于沿海、咸水湖、含盐质砂土区及工业污染区等输配电线路;扩径钢芯铝绞线适用于高海拔、超高压、有无线电干扰地区输电线路。

二、母线

母线是各级电压配电装置中的中间环节,它的作用是汇集、分配和传输电能。主要用于电厂发电机出线至主变压器、厂用变压器、变配电室以及配电箱之间的电气主回路连接,又称为汇流排如图 5-28、图 5-29 所示。

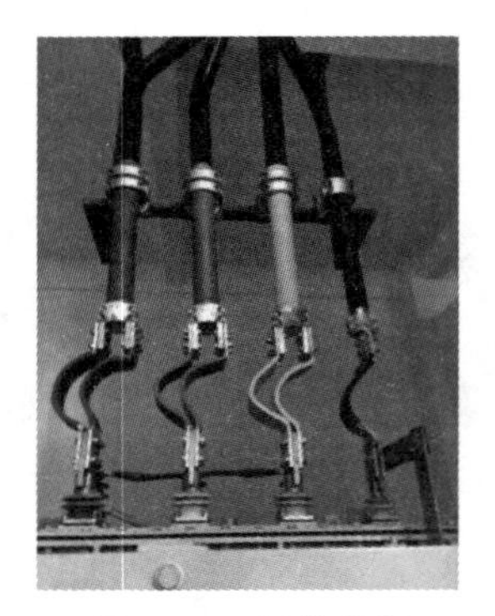

图 5-28　母线敷设

图 5-29　母线敷设

母线分为裸母线和封闭母线两大类。裸母线分为两类：一类是软母线（多股铜绞线或钢芯铝线）用于电压较高（350 kV 以上）的户外配电装置；另一类是硬母线，用于电压较低的室内外配电装置和配电箱之间电气回路的连接，形状有矩形、槽形和管形。

封闭母线是用金属外壳将导体连同绝缘等封闭起来的母线。封闭母线包括离相封闭母线、共箱（含共箱隔相）封闭用母线和电缆母线，广泛用于发电厂、变电所、工业和民用电源的引线。

一、KBG 管和 JDG 管

KBG 管为扣压式镀锌薄壁电线管（如图 5-30 所示），用扣压钳子将管道和管件压出小坑，紧密连接。KBG 管采用优质冷轧带钢，经高精度焊管机高频焊接而成，双面镀锌保护，壁厚均匀，焊缝光滑，管口边缘平滑无毛刺，穿线快速，以薄代厚重量轻，有效降低工程造价，搬运方便，内焊缝光滑，防火、防触电能力好，屏蔽性能和抗干扰性能好，是焊接钢管的更新换代产品。很多情况下两者都可以用，但是做人防和消防的配电、弱电管线用 KBG 管。

JDG 管（套接紧定式镀锌钢导管、电气安装用钢性金属平导管）是一种电气线路最新型保护用导管，连接套管（如图 5-31 所示）及其金属附件采用螺钉紧定连接技术组成的电线管路，其连接靠管件顶丝顶紧管道，达到紧密连接。无需做跨接地、焊接和套丝，是明敷暗敷绝缘电线专用保护管路的最佳选择。

图 5-30　KBG 管

图 5-31　JDG 连接套管

套接紧定式镀锌钢导管（JDG 管）是取代塑料管和焊接管等各类传统电线导管的换代产品，是建筑电器领域采用新材料、新技术的一项突破性革新，没有金属导管施工复杂、施工成本和材料成本高等特点，同时针对 PVC 管易老化和防火性能差及接地麻烦等缺点进行设计制造的，是电线电缆的保护神，尤其适用于智能建筑综合布线系统。

二、线槽

线槽按材质分主要有金属线槽、木线槽及塑料线槽，如图 5-32 和图 5-33 所示。

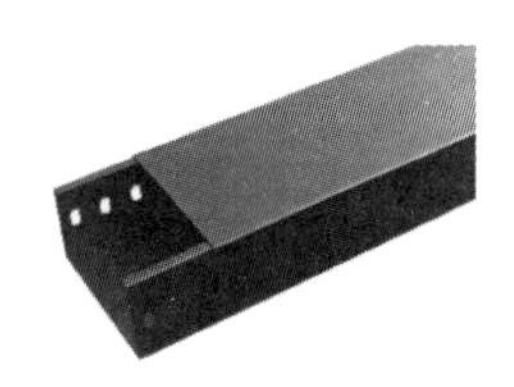

图 5-32　金属线槽

图 5-33　塑料线槽

金属线槽由 1~2.5 mm 厚的钢板制成，适用于正常环境的室内场所的明敷设。具有槽盖的封闭式金属线槽，可用在建筑顶棚内敷设。

木线槽及塑料线槽一般适用于正常环境室内场所的配线，也用于预制板墙结构或无法暗配线的工程，由槽底、槽盖及附件组成，产品类型繁多。现在木线槽已很少使用。

学习效果测试

一、单项选择题

1. 不属于桥架结构类型的是(　　)。

A. 托盘式　　B. 槽式　　C. 梯架式　　D. 排管式

2. 请问(　　)型号表示全是电缆。

A. YJV,VLV　　B. VLV,BX　　C. YJV,BV　　D. BV,BX

3. 荧光灯是(　　)光源的代表。

A. 热辐射　　B. 低压气体　　C. 高压气体　　D. 固体

二、多项选择题

1. 根据光的产生原理不同,可以将光源分为(　　)。

A. 热辐射光源　　B. 气体放电光源　　C. 固体放电光源　　D. 液体放电光源

2. 满足(　　)条件,单股导线才可数电线端子。

A. 截面积>10 mm^2　　B. 截面积>2.5 mm^2

C. 与设备相连　　D. 截面积≤10 mm^2

3. 管子配线所用材料主要是(　　)。

A. 金属管　　B. 陶土管　　C. 塑料管　　D. 混凝土管

三、简答题

1. 管子配线是常用的配线方法,常用的金属保护管有哪些?其作用是什么?

2. 管子配线是常用的配线方法,常用的塑料保护管有哪些?其作用是什么?

3. 请列举说说 1.5~50 mm^2 导线的规格。

位于江苏扬州高邮的扬州宏远电子有限公司，有一名普通的老电工，他名叫钟志良。1967 年，钟志良出生在高邮临泽镇一个知识分子家庭，小时候他就对电子技术理论知识非常感兴趣，常到离家不远的一家国营五金维修店，看店里师傅们维修钟表、制作杆秤等，并动手摸索，从小就养成了爱学习、肯钻研的好习惯。大学毕业参加工作后，钟志良刻苦钻研、踏实工作，成为公司技术能手。由钟志良主持实施的“江苏省电力需求侧项目”——多段电压节电化成生产线，荣获省示范项目并编入《江苏省电力需求侧管理示范项目典型案例汇编》，在江苏省加以推广，项目完成后，年节约电费 170 多万元。钟志良还成功主持实施国家节能项目 2 项，年节电 800 万度以上。独立负责 12 项国家级、省级重大项目腐蚀、化成生产线电气设计与制造；发明双导电滚桶馈电技术，使生产速度提高了 0.5 倍；独立设计 PLC 控制程序，提高了设备的自动化程度。如此多的荣誉，他却不爱提及，他常说“我只是电气自动化团队里的一名老匠人，做好分内事”。

总书记告诉我们要重视人才自主培养，努力造就一批具有世界影响力的顶尖科技人才，稳定支持一批创新团队，培养更多高素质技术技能人才、能工巧匠、大国工匠，也衷心希望大家能够领会主席精神，踏踏实实做人，做一名真正的能工巧匠。

让我们扫一扫，看看本项目的学习微课吧！

5.1　认识常用电光源 1

5.1　认识常用电光源 2

5.2　认识常用电气材料 1

5.2　认识常用电气材料 2

5.2 认识常用电气材料 3

5.2 认识常用电气材料 4

项目六　建筑电气照明系统

【项目导读】

电能从哪里来？根据能量守恒，我们可以把自然界中的水从高处下降产生的势能、燃烧产生的热能、风能、太阳能等转化成电能，通过电力线路传输到小区变配电所分配到各个建筑物的总配电箱，再通过配线线路传输给灯具等用电器具供人们日常生活所需（如图 6-1 所示）。电气安装工程就是从电能产生到电能使用的所有环节涉及的安装工程，让我们顺着电流的传输去认识了解熟悉它。

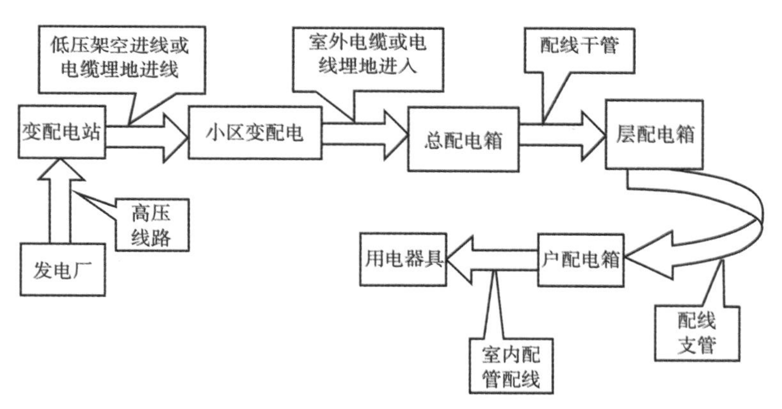

图 6-1　电流流程图

★★★★★ 高素质、高技能复合型人才培养 ★★★★★

【知识目标】

1. 熟悉建筑供配电系统的组成及常用电气低压电器；
2. 掌握电气常用线路基本知识；
3. 熟悉建筑防雷工程的分类、组成；
4. 掌握电气识图方法。

【能力目标】

1. 能根据掌握的常用电气知识画出思维导图；
2. 能根据电气施工图进线识读。

【思政目标】

1. 培养大家的爱国情怀、对祖国的自豪感和归属感；

2. 培养大家克服困难、不屈不挠、认真谨信、勤劳务实的工匠精神；

3. 培养大家团结协作、友爱互助精神和责任感。

任务一　认识建筑供配电系统

◆ 任务引入

顺着电流首先到达电能产生的起点站——电气的供配电系统，它有什么作用？它的组成是什么？让我们去认识一下吧。

◆ 任务布置（勾一勾，画一画；议一议，想一想；再背一背，做一做）

1. 请大家相互议一议电力系统、供配电系统、变配电系统的组成？了解其区别；

2. 请在书中勾一勾变压器、常用高压电器的作用。

◆ 相关知识

一、电力系统的组成

电力系统是指由发电厂、电力网及电能用户所组成的发电、输电、变电、配电和用电的整体，是由发电、供电（输电、变电、配电）、用电设施以及为保障其正常运行所需的调节控制、保护、计量等二次设施构成的统一整体，如图 6-2 所示。电气的供配电系统解决了建筑物所需电能的供应和分配问题。电能由发电厂产生，一般发电厂较为偏僻，故需长距离输送，为减少输送过程中的电能损失，先用变压器升压，到达城市后，再逐步降压至用户。

（1）发电厂

发电厂是生产电能的场所，其作用是把自然界中的一次能源转换为用户可以直接用的二次能源——电能，主要分为火力发电、水力发电、风力发电、地热发电、太阳能发电及核发电。分布在中国重庆市到湖北省宜昌市的长江干流上的长江三峡水利枢纽工程是中国建设的最大型的工程项目，也是世界上规模最大的水电站。

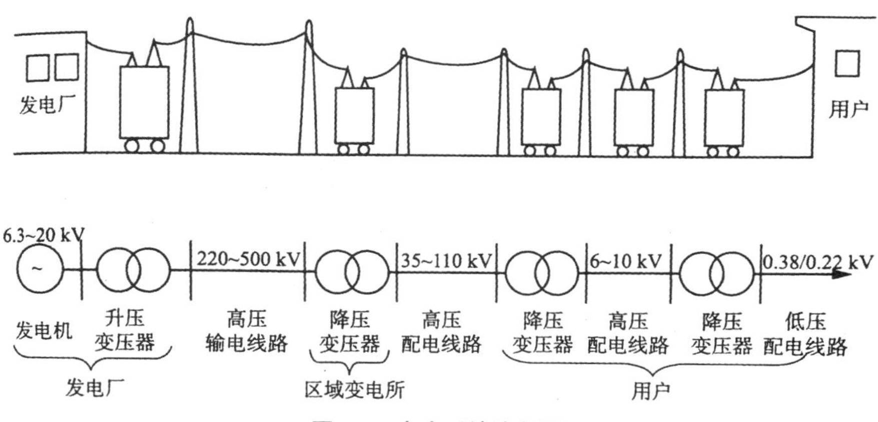

图 6-2　电力系统流程图

(2)变电所

变电所是接受电能,改变电能电压并分配电能的场所,主要由电力变压器与开关设备组成,是电力系统的重要组成部分,装有升压变压器的变电所称为升压变电所,装有降压变压器的变电所称为降压变电所。接受电能,不改变电能电压,并进行电能分配的场所叫配电所。

(3)电力线路

电力线路是输送电能的通道。其任务是把发电厂生产的电能输送并分配到用户,把发电厂、变配电所和电能用户联系起来。由不同电压等级和不同类型的线路构成。

(4)电力网

电力网是包括所有的变、配电所的电气设备以及各种不同电压等级的线路组成的统一整体。它的作用是将电能转送和分配给各用电单位。

二、供配电系统的组成

(1)供电电源

配电系统的电源可以是电力系统的电力网,也可以是企业、用户的自备发电机。通常大型建筑或建筑小区,电源进线电压多采用 10 kV。电能先经过高压配电所,再由高压配电所将电能分送给各终端变电所。经配电变压器将 10 kV 高压降为一般用电设备所需的电压(220/380 V),然后由低压配电线路将电能分送给各用电设备使用,供电形式如图 6-3 所示。

(2)配电网

配电网的主要作用是接受电能并负责将得到的电能经过输电线路,直接输送到用电设备。

(3)用电设备

用电设备是指消耗电能的电气设备。用电设备中,约 70%是电动机类设备,20%是照明用电设备,10%是其他类设备。

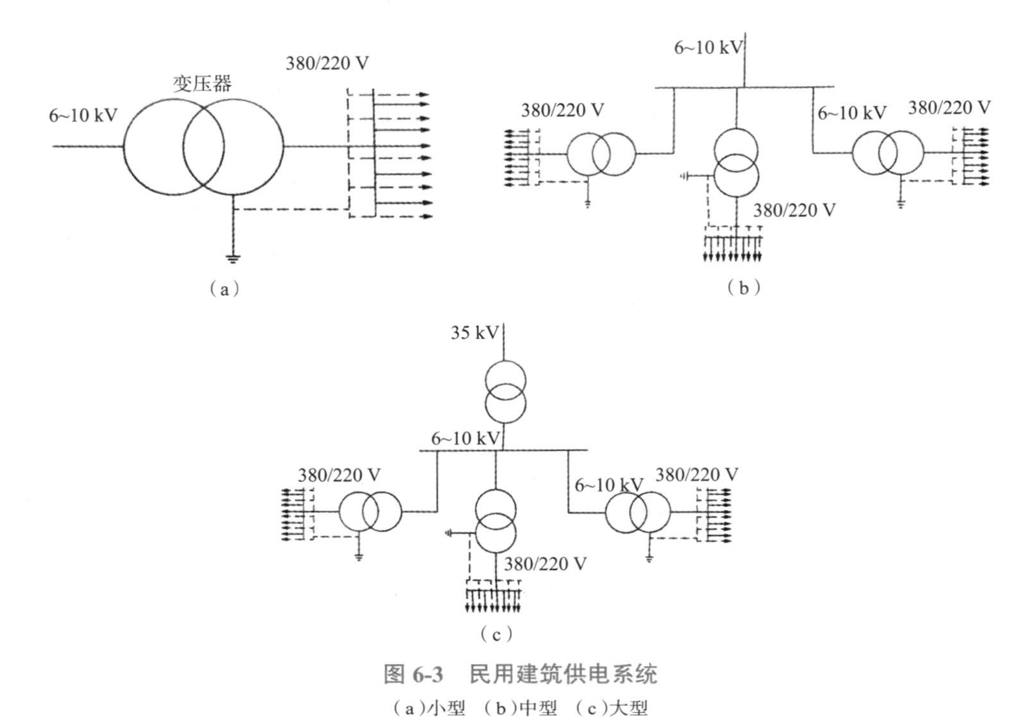

图 6-3 民用建筑供电系统

(a)小型 (b)中型 (c)大型

三、低压配电系统的配电方式

低压配电系统的配电方式主要有放射式、树干式及混合式三种,如图 6-4 所示,配电系统应根据具体情况选择使用。

(1)放射式

放射式的优点是各个负荷独立受电,故障范围一般仅限于本回路。线路发生故障需要检修时,只切断本回路不影响其他回路,回路中电动机启动引起电压的波动,对其他回路的影响也较小。其缺点是所需开关设备和有色金属消耗量较多,因此放射式配电一般多用于对供电可靠性要求高的负荷或大容量设备。

(2)树干式

树干式配电的特点正好与放射式相反,从供电点引出的每条配电线路可连接几个用电设备或配电箱。一般情况下,树干式采用的开关设备较少,配电线路的总长度短,有色金属消耗量较少,但干线发生故障时,影响范围大,供电可靠性较低。树干式配电在机加工车间、高层建筑等用电设备较少,且供电线路较长时经常采用。

(3)混合式

在很多情况下往往采用放射式和树干式相结合的配电方式,称混合式配电。适用于用电设备多或配电箱多,容量又比较小,分布比较均匀的用电设备场合。

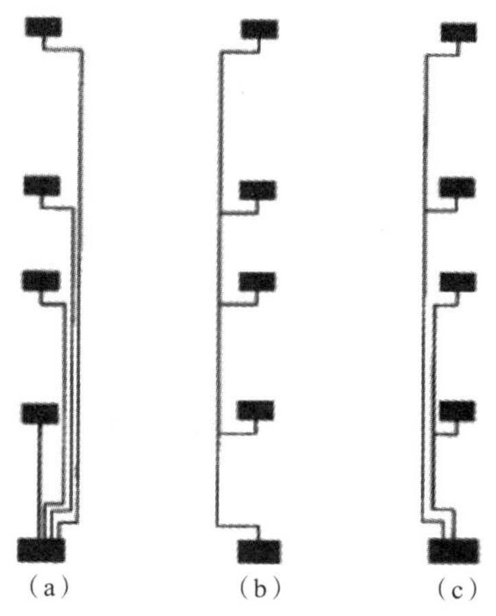

图 6-4　低压配电系统的配电方式

（a）放射式　（b）树干式　（c）混合式

四、变配电系统

民用建筑变配电系统的组成一般有配电装置、母线、变电装置、电缆，如图 6-5 所示。

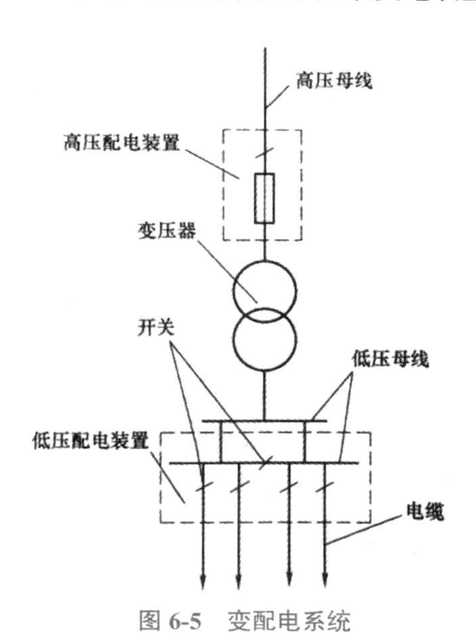

图 6-5　变配电系统

变配电所中，承担传输与分配电能到各用电场所的配电线路称为一次线路或主线路，与一次线路连接的电气设备称为一次设备，主要包括发电机、变压器、高压开关、高压熔断器、低压开关、母线、电力电缆。

二次线路是指用来控制、指示、监测和保护一次回路运行的电路，其中的电气设备称为二次设备，如测量仪表、继电器、信号设备、控制电路。通常二次设备和二次线路是通过电流互感器和电压互感器与一次线路相连的。

五、变配电所

变配电所是变换电压和分配电能的场所，它由高压配电室、变压器室、低压配电室组成，如图 6-6 所示。高压配电室起接收电力的作用，低压配电室则是分配电力，变压器室是将高压电转变成低压电。

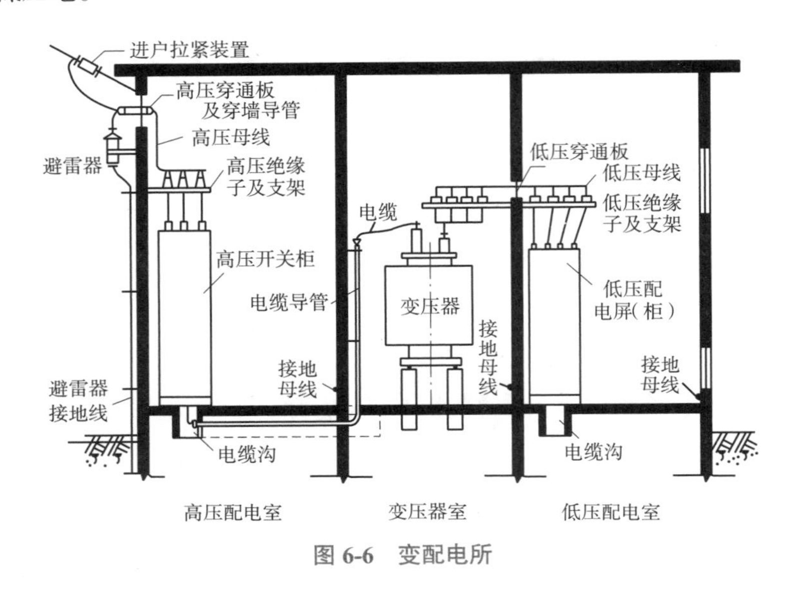

图 6-6　变配电所

六、变压器

变压器是变电所内承担变换电压作用的主要设备，按相数分为单相变压器和三相变压器；根据其散热方式不同分为干式变压器和油浸式变压器，如图 6-7 所示。

变配电系统中，常使用的变压器为三相电力变压器。油浸式变压器外壳是一个油箱，变压器内部装满变压器油，绕组和铁芯浸泡在油中，以油为介质散热。干式变压器的绕组和铁芯置于气体(空气或六氟化硫)中，环氧树脂浇筑，造价较高，用于有较高防火要求的地方，建筑物内的变配电所要求用干式变压器。

(a)

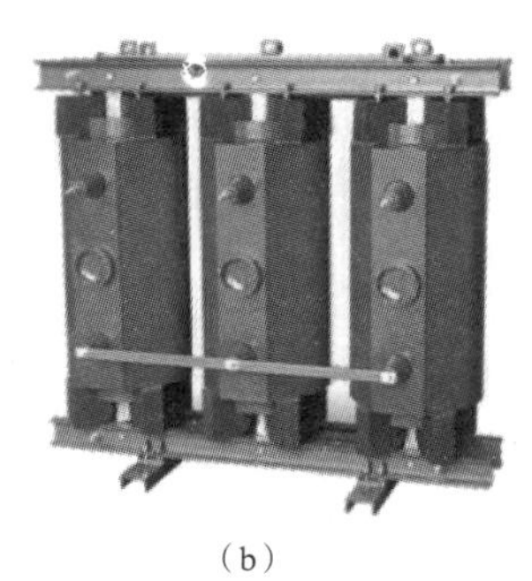
(b)

图 6-7 变压器
(a)油浸式变压器 (b)干式变压器

变压器型号的表示及含义如图 6-8 所示。例如，S7—500/10 表示三相油浸自冷式铜绕组变压器，额定容量 500 kV·A，高压侧额定电压 10 kV。

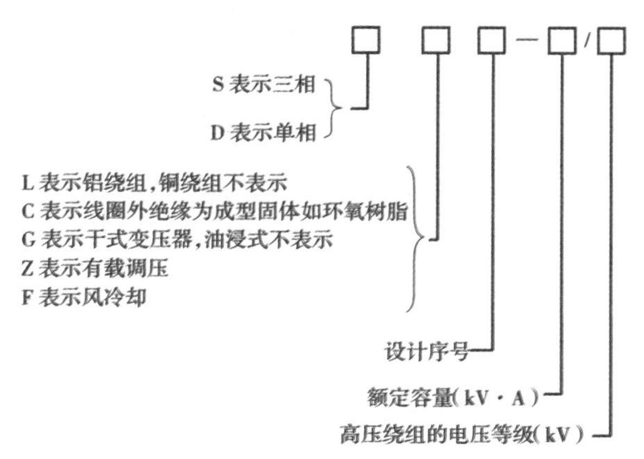

图 6-8 变压器型号的表示

互感器是一种特殊的变压器，主要向测量仪表及继电器的电压线圈及电流线圈供电。互感器一次侧与二次侧没有电的联系，只有磁的联系。

互感器分为电流互感器(隔离高电压和大电流，将大电流转化为 5 A 小电流，以取得测量和保护用的小电流信号)及电压互感器(隔离高电压，将高电压转化为 100 V 低电压，以取得测量和保护用的低电压信号)。

电流互感器(文字符号 TA,图形符号);电压互感器(文字符号 TV,图形符号)。

七、常用高压电器

(1)高压断路器

高压断路器(文字符号 QF,图形符号)是配电装置中最重要的控制和保护设备,如图 6-9 所示。正常时用以接通和切断负荷电流,发生短路故障时,能在保护装置作用下自动跳闸,迅速地切断故障电流。因电路短路时电流很大,断开电路瞬间会产生很大的电弧,所以要求断路器应具有可靠的灭弧装置,因断路器的主触头设置在灭弧装置内,无法观察其通断情况,为安全考虑,也为保证电气设备的安全检修,通常将高压断路器与高压隔离开关配合使用。

图 6-9　高压断路器

高压断路器按其采用的灭弧介质可分为油断路器、空气断路器、六氟化硫断路器、真空断路器。使用最广泛的是油断路器,高层建筑则多采用真空断路器。高压断路器型号的表示和含义如图 6-10 所示。

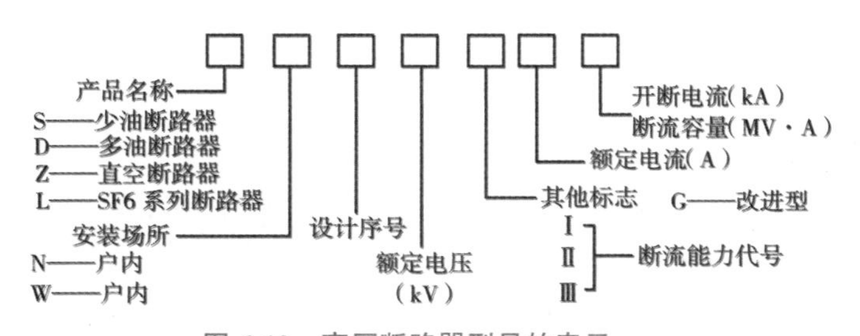

图 6-10　高压断路器型号的表示

(2)高压隔离开关

高压隔离开关(文字符号 QS,图形符号)主要是隔离电源,将需要检修的设备与电源可靠的断开（如图 6-11 所示）。隔离开关没有灭弧装置，不允许带电操作。高压隔离开关断开后有明显的间隙。高压隔离开关型号的表示和含义如图 6-12 所示。

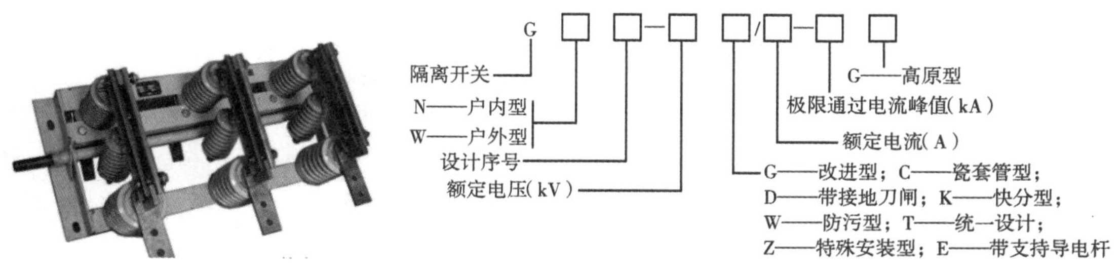

图 6-11　高压隔离开关　　　　图 6-12　高压隔离开关型号的表示

（3）高压负荷开关

高压负荷开关（文字符号 QL，图形符号 —⁄o— ）是专门用于接通和切断负荷电路的开关设备，设在高压侧一边，有简单的灭弧装置，但不能切断短路电流，如图 6-13 所示。通常负荷开关与熔断器串联使用，借助熔断器切断短路电流。高压负荷开关型号表示及含义如图 6-14 所示。

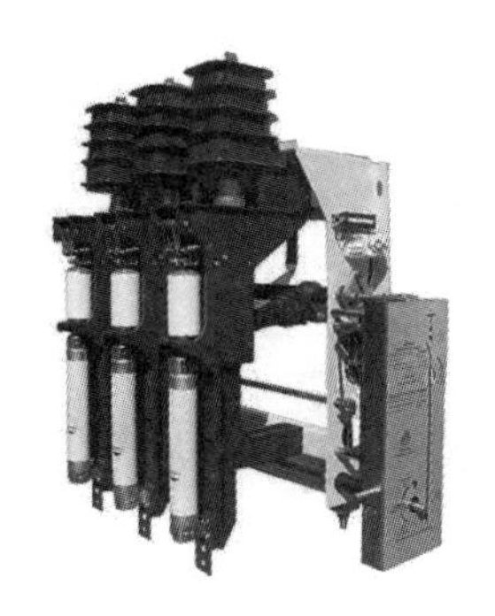

图 6-13　高压负荷开关

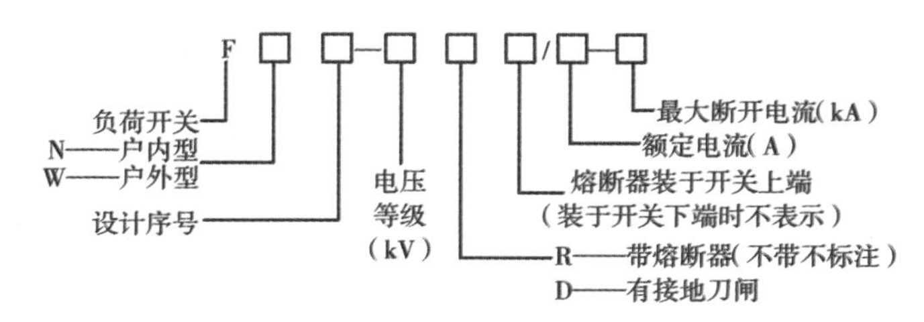

图 6-14　高压负荷开关型号的表示

（4）高压熔断器

高压熔断器（文字符号 FU，图形符号 —▭— ）的功能就是对电路及电路中的设备进行短路保护，如图 6-15 所示。短路电流通过熔体时，熔点低的锡先被熔化，包围铜丝，形成熔点较低的铜锡合金，使铜丝在较低温度下熔断从而切断电路。按其使用场所不同可分为户内式和户外式两大类，高压熔断器型号的表示和含义如图 6-16 所示。

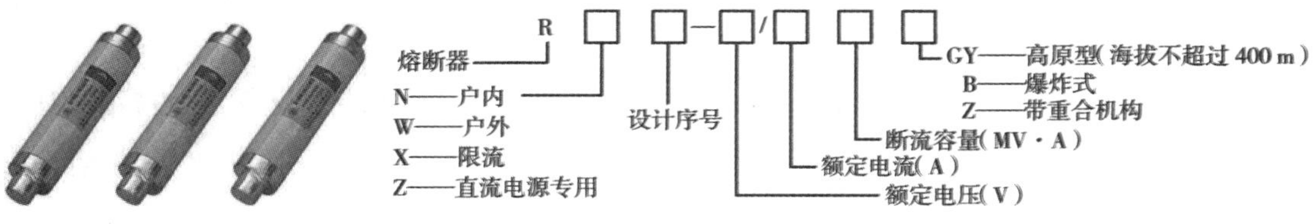

图 6-15　高压熔断器　　　　图 6-16　高压熔断器型号的表示

(5)高压避雷器

高压避雷器(文字符号 F,图形符号)是用来保护高压输电线路和变压器等电气设备免遭雷电产生的过电压波沿线侵入的损害,如图 6-17 所示。常用氧化锌避雷器(F 系列),其型号的表示和含义如图 6-18 所示。

图 6-17 高压避雷器

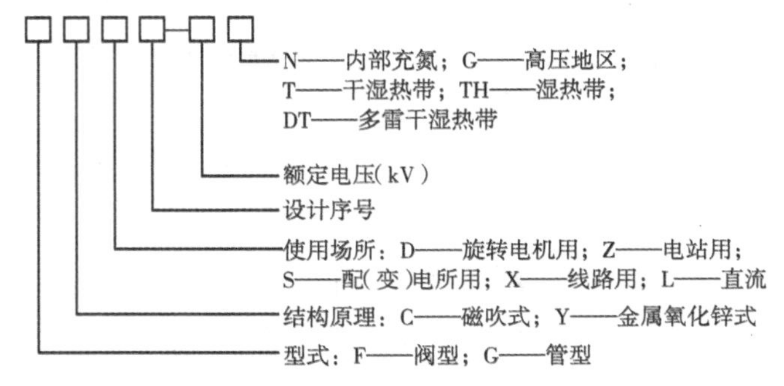

图 6-18 高压避雷器型号的表示

(6)高压开关柜

高压开关柜(如图 6-19 所示)由厂家按一定的接线方式将各种用途电气设备组装封闭在金属柜中。常用的高压开关柜可根据不同情况进行分类。

图 6-19 高压开关柜

按元件的固定特点分为固定式和手车式两大类。固定式高压开关柜的电气设备全部固定在柜体内,固定式因其更新换代快而使用较广泛;手车式高压开关柜的断路器及操作机构装在可从柜体拉出的小车上,便于检修和更换。

按结构特点分为开启式和封闭式。开启式高压开关柜的高压母线外露,柜内各元件间也不隔开,结构简单、造价低;封闭式高压开关柜母线、电缆头、断路器和计量仪表等均被相互隔开,运行较安全。

按柜内装设的电器不同，分为断路器柜、互感器柜、计量柜、电容器柜。常用高压开关柜型号如图6-20所示。

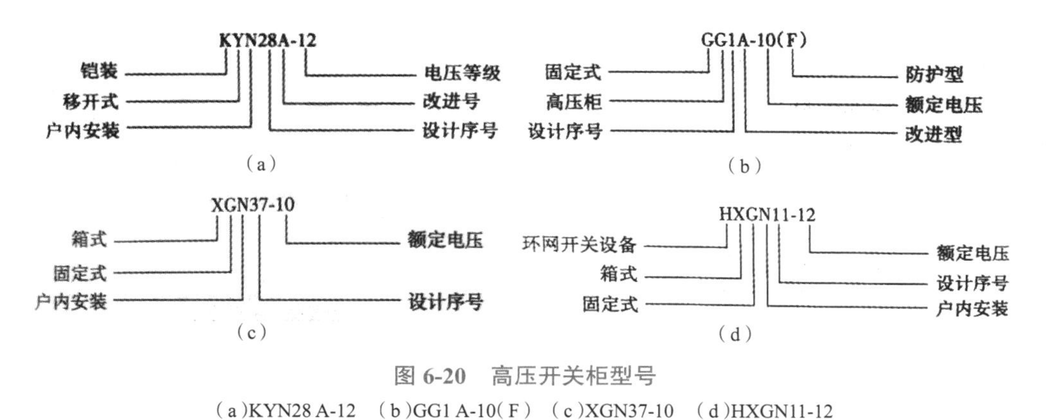

图6-20　高压开关柜型号

(a)KYN28 A-12　(b)GG1 A-10(F)　(c)XGN37-10　(d)HXGN11-12

◆ 任务实施

请根据变配电所和高压电气的知识，分组讨论分析变配电主接线图(图6-21)的含义，并在课堂上分享研究成果。

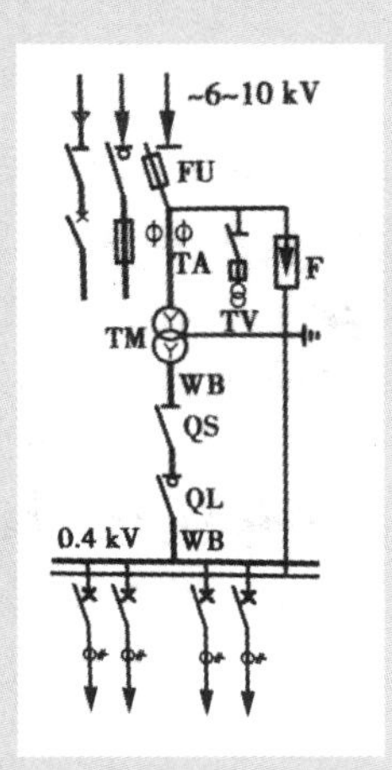

图6-21　变配电主接线图

解析：通过阅读和理解任务实施，详读深究教材。

任务二　认识常用低压电器

◆ 任务引入

电流通过小区变配电所，由高压转变成低压，同时分配给各个用电设备，通常是楼总照明箱，再分配给各层各个房间的配电箱，那么在低压线路上通常有哪些低压电器和配电装置呢？

◆ 任务布置（勾一勾，画一画；议一议，想一想；再背一背，做一做）

1. 勾画一下低压电器的种类、作用；
2. 想一想低压电器与高压电器的区别，再分组议一议；
3. 勾一勾并背一背配电箱的组成。

◆ 相关知识

低压电器是一种能根据外界的信号和要求，手动或自动地接通、断开电路，以实现对电路或非电对象的切换、控制、保护、检测、变换和调节的元件或设备。国标将工作电压交流 1 000 V 直流 1 200 V 以下的电气线路中的电气设备通称为低压电器。

低压电器可分为配电电器、保护电器和控制电器等，控制电器是专门针对各个不同设备的电器的控制设备，如电动机启动器、接触器、控制继电器；保护电器是用于保护电路及用电设备的电器，如熔断器、热继电器、各种保护继电器、避雷器；配电电器是进行电力输送和分配的设备，如低压刀开关、低压负荷开关、低压断路器、低压配电屏（柜）、配电箱。

一、低压断路器

低压断路器（如图 6-22 所示）又称空气开关或自动开关，有良好的灭弧性能，用作交、直流线路的过载、短路及欠电压保护，分为塑料外壳式和框架式两大类。常用的低压断路器型号有 C 系列、D 系列、K 系列，低压断路器型号的表示和含义如图 6-23 所示。

图 6-22　低压断路器

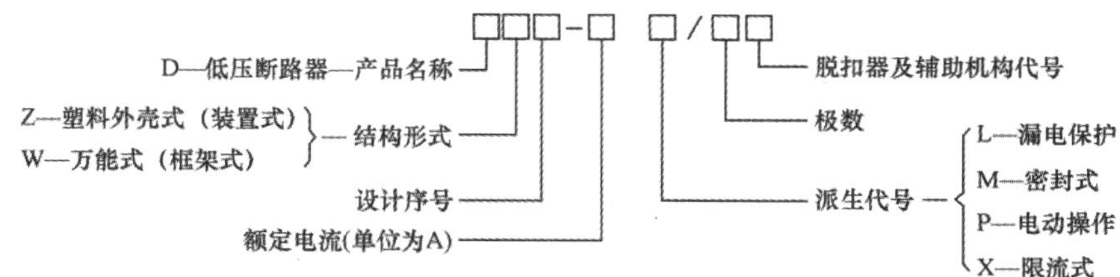

图 6-23　低压断路器型号的表示

二、低压熔断器

熔断器（如图 6-24 所示）是一种保护电器，对电路起短路及过载保护作用，当电流超过规定值一定时间后，以它本身产生的热量，使熔体熔化。熔断器由熔断管、熔体和插座三部分组成。常用熔断器有：螺旋式或塞头式（RL1、RL2）、管式（RM1、RM3、RM10）、有填料封闭管式（RTO）、快速熔断器（RS0、RS3）及瓷插式（RC）。其型号表示和含义如图 6-25 所示。

图 6-24　熔断器

（a）瓷插式　（b）螺旋式　（c）有填料封闭管式

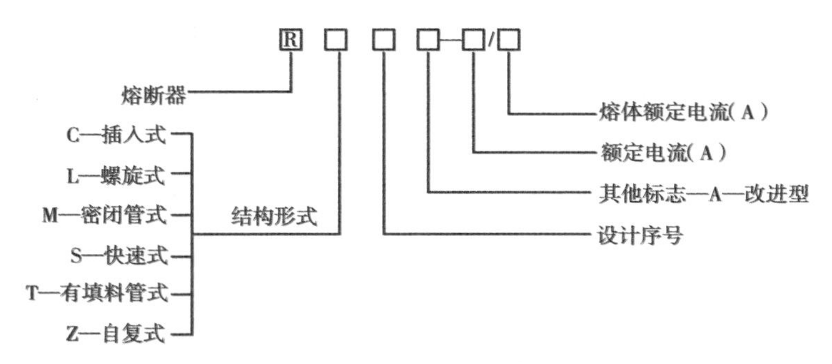

图 6-25　熔断器型号表示

三、低压刀开关(低压隔离开关)

刀开关(如图 6-26 所示)没有任何防护,安装在低压配电柜中,用于隔离电源和分断交直流电路。按闸刀投放位置分为单投刀开关与双投刀开关。常用 HD 系列单投与 HS 系列双投、开启式 HK 型及封闭式 HH 型,其型号表示和含义如图 6-27 所示。

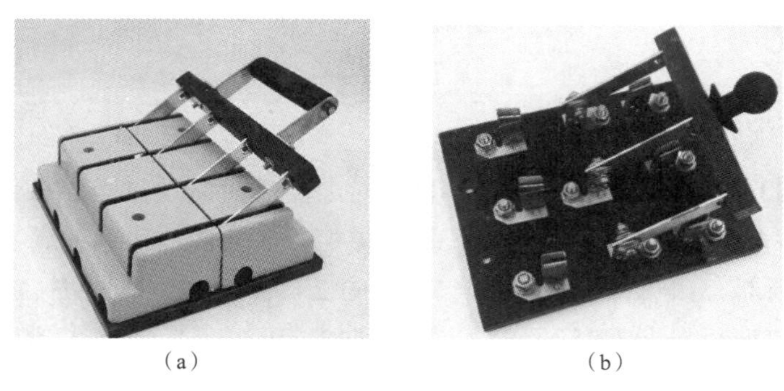

(a)　　(b)

图 6-26　刀开关

(a)双投四刀刀开关　(b)开启式刀开关

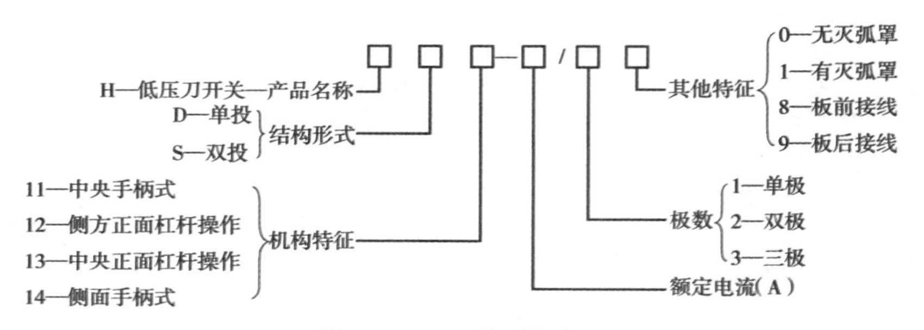

图 6-27　刀开关型号表示

四、低压负荷开关

低压负荷开关(如图 6-28 所示)是由带灭弧装置的刀开关与熔断器串联组合而成,外装封闭式铁壳或开启式胶盖的开关电器。具有带灭弧罩刀开关和熔断器的双重功能,既可带负荷操作,又能进行短路保护。可用作设备和线路的电源开关。目前使用已较少,常用断路器取代。其型号的表示和含义如图 6-29 所示。

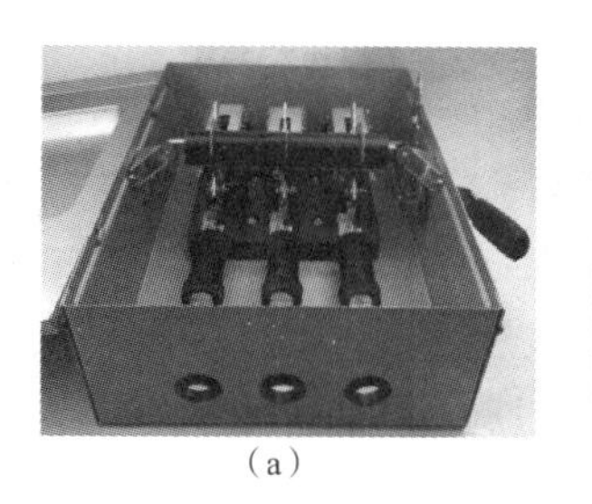

（a）

（b）

图 6-28　低压负荷开关

（a）封闭式　（b）开启式

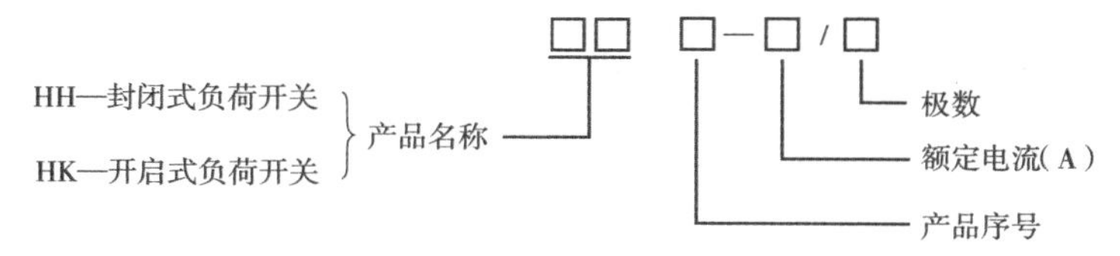

图 6-29　低压负荷开关型号表示

五、低压配电屏（柜）

低压配电屏（柜）又叫开关屏或配电柜（如图 6-30 所示），是指交、直流电压 1000 V 以下的成套电气装置，是按照一定的接线方式将有关低压的一、二次设备（开关设备、测量仪表、保护装置和辅助设备等）安装在金属柜内构成的一种组合式成套配电装置。分为固定式（常用的有 PGL 型及 GGD 型）和抽屉式（常用的有 GCS 型、GCK 型及 BFC 型）。其型号表示及含义如图 6-31 所示。

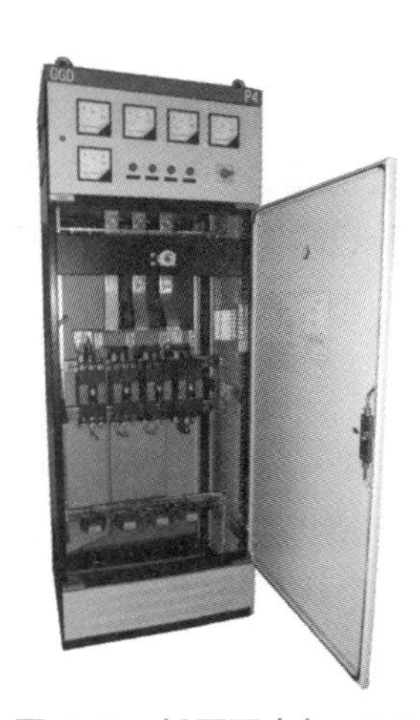

图 6-30　低压配电柜 GGD

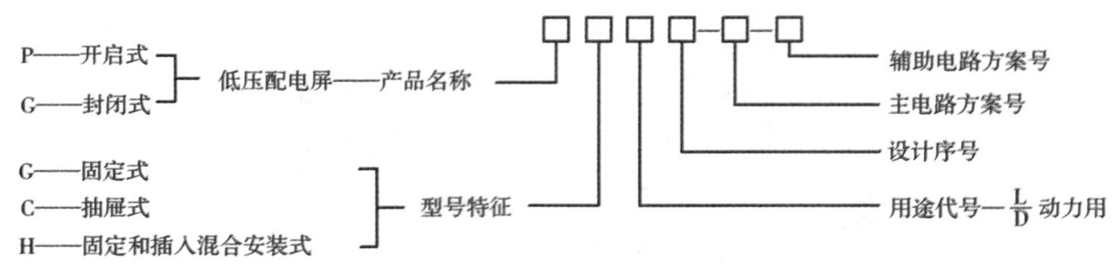

图 6-31　低压配电屏型号表示

六、低压配电箱（文字符号 AL）

配电箱（如图 6-32 所示）是按电气接线要求将开关设备、测量仪表、保护电器和辅助设备组装在封闭或半封闭金属柜中或屏幅上，构成的低压配电装置。正常运行时可借助手动或自动开关接通或分断电路，故障或不正常运行时借助保护电器切断电路或报警。

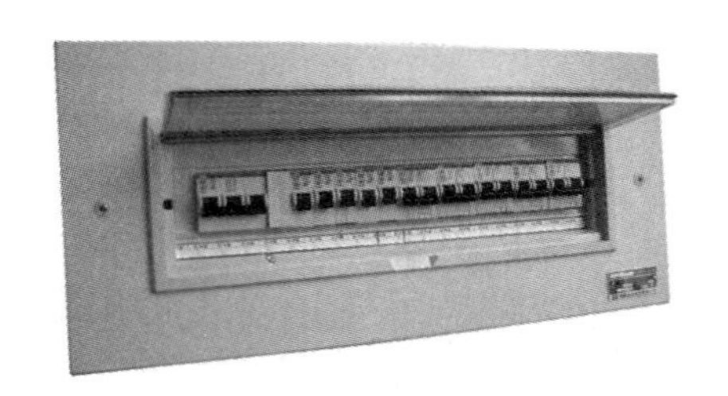

图 6-32　配电箱

配电箱和配电柜、配电盘、配电屏等，都是集中安装开关、仪表等设备的成套装置。低压配电箱的额定电流是交流 50 Hz，额定电压是 380 V 的配电系统，作为动力、照明及配电的电能转换及控制之用。

配电箱根据安装方式分为悬挂式（明装）、嵌入式（暗装）和落地式（如图 6-33 所示）；根据制作材质分为铁质、木质、塑料制配电箱，铁质照明箱应用较为广泛；根据产品是否成套又分为成套配电箱和非成套配电箱，成套配电箱是由工厂成套生产组装的，非成套配电箱是根据实际需要来设计制作的；按其功能分为动力配电箱、照明配电箱、电表箱等。照明配电箱的标注如图 6-34 所示。

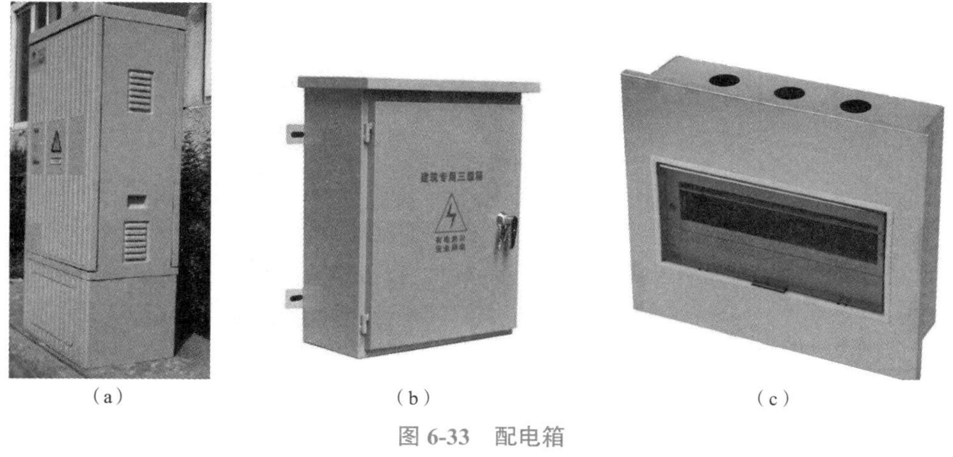

（a） （b） （c）

图 6-33 配电箱

（a）落地式 （b）悬挂式 （c）嵌入式

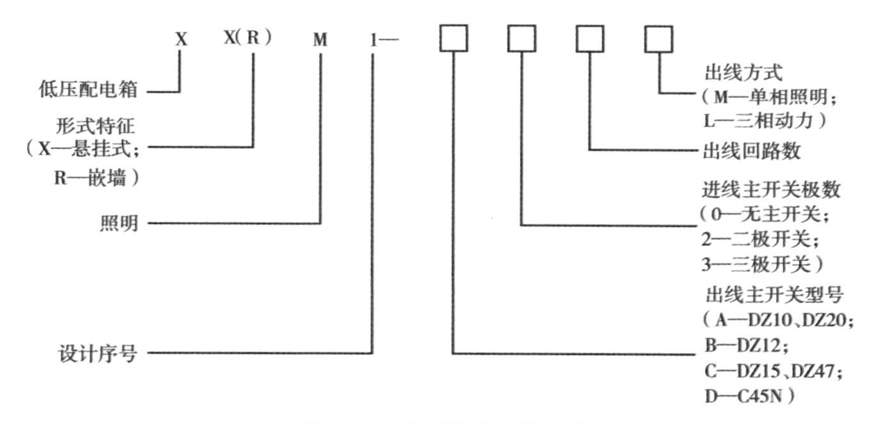

图 6-34 照明配电箱的标注

◆ 任务实施

请完成任务布置并根据电气照明系统的构造特征，分组讨论，画出思维导图。

解析：通过阅读和理解任务实施，详读深究教材。

任务三　学习电气线路工程

◆ 任务引入

在常用电气材料里，我们了解了常用的导电材料，这些作为传输电能的导电材料是怎么安装的呢？它又具有哪些特征、构造和工艺，接下来就带着大家去了解一下吧。

◆ 任务布置（勾一勾，画一画；议一议，想一想；再背一背，做一做）

1. 勾一勾并议一议电缆的敷设方式，讨论一下在生活中看到了哪一些；
2. 勾一勾并议一议直埋电缆的流程；
3. 勾一勾常用的配线方法和敷设形式，讨论一下在生活中看到了哪一些；
4. 勾一勾并想一想电气照明系统的施工工序；
5. 勾一勾、议一议并背一背配电箱、开关、插座、接线盒的安装。

◆ 相关知识

一、电缆——直埋

电缆敷设的方式很多，有直接埋地敷设、电缆沟敷设、电缆隧道敷设、排管敷设、室内外支架明敷及桥架敷设等。本节重点和大家谈谈直埋。

直接埋地敷设是电缆敷设中采用最广泛的一种。电缆直埋是指沿已确定的电缆线路挖掘沟道，将电缆埋在挖好的地下沟道内。因电缆直接埋设在地下不需要其他设施，故施工简单，成本低，电缆的散热性能好，因此只要条件允许都采用直埋，直接埋地敷设时应避开酸、碱、电化学严重的地段。埋地敷设电缆必须是铠装，并且有防腐保护层。

1. 工艺流程

直接埋地敷设的工艺流程如下：测位划线→挖方→铺砂→敷设电缆→铺砂盖砖→保护管→回填→埋标桩→清理现场→电缆头制安 →电缆绝缘测试。

2. 开挖沟槽

直埋电缆敷设时，先按选定的路线挖电缆沟。电缆沟的深度及宽度应符合下列要求（如图 6-35 所示）。

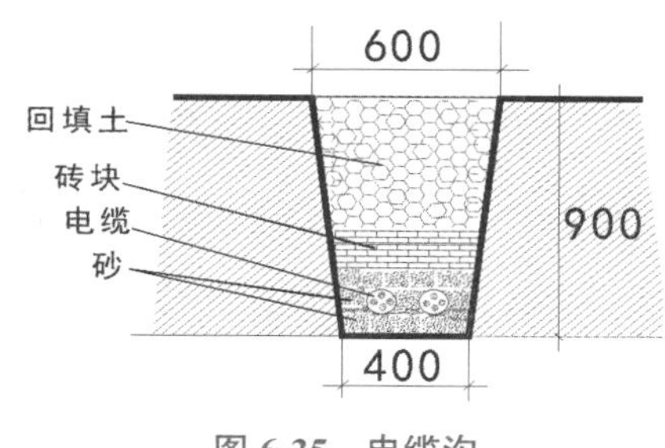

图 6-35　电缆沟

1）深度　电缆表面距地面的距离不应小于 0.7 m，沟深一般是 0.9 m。

2）宽度　在同一电缆沟内埋设单根或两根电力电缆时，电缆沟下口宽为 400 mm，上口宽为 600 mm；每增加 1 根电力电缆，底宽增加 150 mm，平均沟宽增加 170 mm。

3. 电缆敷设

电缆敷设可采用人工加滚轮敷设（如图 6-36 所示），有条件时也可采用机械敷设。施放电缆时，边施放边检查电缆是否有损伤。放电缆的长度不能控制得太紧，电缆在沟内敷设时应有适量蛇型弯，电缆的两端、中间接头、电缆井内、垂直位差处均应留有适当的余量。

4. 铺砂盖砖

铺平夯实电缆沟后，先铺一层 100 mm 厚的细沙或软土，作为电缆的垫层，敷设完电缆，经由建设单位、监理单位及施工单位共同进行隐蔽验收后，在电缆上铺盖 100 mm 厚细砂或软土，然后用电缆盖板（砖）将电缆盖好，覆盖宽度应超过电缆两侧各 50 mm，如图 6-37 所示。

图 6-36　人工敷设电缆

图 6-37　铺砂盖砖

5. 保护管

电缆与铁路、公路、城市道路、厂区道路埋设交叉时，应敷设在坚固的保护管内，保护管离障碍物的净距不小于 1 m，管的两端伸出道路基边 2 m，伸出排水沟 0.5 m，如图 6-38 所示。电缆从地下或电缆沟引出地面时，地面上 2 m 的一段应用保护管加以保护，其根部应伸入地面下 0.1 m。

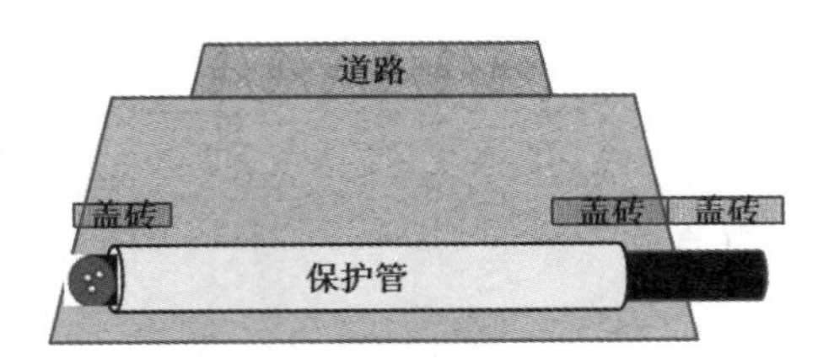

图 6-38　直埋安装保护管

6. 回填

铺砂盖砖后，再进行一次隐蔽工程验收，合格后及时进行回填并分层夯实，覆土应高出地面 150~200 mm，以备松土沉陷。

7. 埋设标志桩

电缆直线段每隔 50~100 m 处、拐弯处、接头处、交叉和进出建筑物等位置应设置明显的方位标志或标志桩，标志桩露出地面以上 150 mm 为宜，并标有“下有电缆”字样，字样应显眼，一目了然，以便电缆检修时查找和防止外来机械损伤，如图 6-39 所示。

图 6-39　标志桩

8. 管口防水处理

直埋电缆进出建筑物、过墙套管管口应做严格的防水处理。

9. 挂标牌

在电缆的首端、末端和电缆接头、拐弯处的两端及入孔、井内等处应装设标志牌，避免交叉和混乱现象，施放完一根电缆应随即把电缆的标志牌挂好。标志牌上应注明线路编号，当无编号时应写明电缆型号、规格及起止地点。标志牌规格应统一，应做防腐处理，字迹清晰且不易脱落，如图 6-40 所示。

● 电缆标志牌 ●

编号：__________________

起点：__________________

终点：__________________

规格：__________________

图 6-40　电缆标志牌

为了保证电缆的绝缘、机械强度及整体性，电缆敷设时要敷设电缆头。按电缆头位置可分为电缆中间头、电缆终端头、电缆分支头。电缆中间头用于电缆连接；电缆终端头用于电缆的起止点；电缆分支头用于电缆干线与直线连接。

二、室内配电线路

1. 配线方法

常用的配线方法有瓷瓶（瓷柱）配线、管子配线、线槽配线、塑料护套线配线及钢索配线，其中管子配线应用最为广泛。

2. 敷设方式

导线的敷设方法有许多种，按线路在建筑物内敷设位置的不同，分为明敷设和暗敷设，如图 6-41 和图 6-42 所示；按在建筑结构上敷设位置不同，分为沿墙、沿柱、沿梁、沿顶棚和沿地面敷设。

图 6-41　明敷设

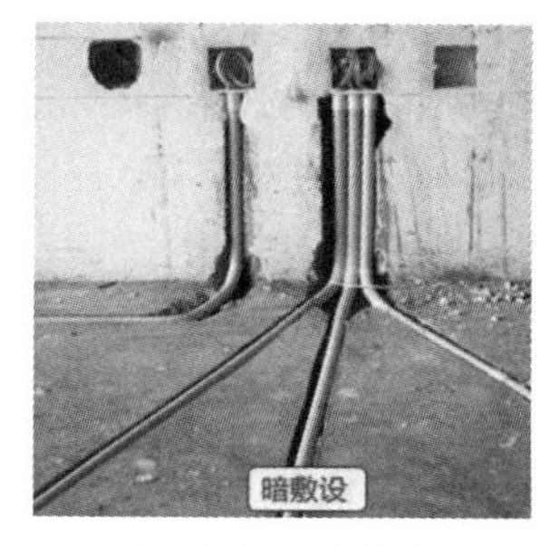

图 6-42　暗敷设

导线明敷设是指线路敷设在建筑物表面可以看得见的部位，就是将绝缘导线直接或穿于管子、线槽等保护体内，敷设于墙壁、顶棚的表面及桁架、支架等处。导线明敷设是在建筑物全部完工以后进行，一般用于简易建筑或新增加的线路。

导线暗敷设是指将导线穿于管子、线槽等保护体内，敷设于墙壁、顶棚、地坪及楼板等内部或在混凝土板孔内敷设。导线暗敷设与建筑结构施工同步进行，在施工过程中首先把各种导管和预埋件置于建筑结构中，建筑完工后再完成导线穿线工作。暗敷设是建筑物内导线敷设的主要方式。

三、室内配管配线

1. 室内配线基本要求

室内配线基本要求是安全、可靠、方便、美观、经济。

2. 电气照明系统施工工序

电气照明系统施工工序如下：施工准备→配合土建预埋管、盒、箱→线槽、桥架、管子安装→配电箱安装→线缆敷设→用电设备安装→调试。

（1）施工准备

熟悉图纸，与土建、暖通、给排水等相关专业进行核对，做好施工前的准备。

（2）预埋管、盒、箱

砖混结构，在砌筑时进行；混凝土结构，在钢筋绑扎后，混凝土浇筑前进行。预埋时应注意以下几点。

①做好管盒的固定工作，以防位置偏移，如图 6-43 所示。

图 6-43　预埋配管

②注意管口需封堵，以免管内进入砂浆等杂物，影响穿线。

③线管敷设的弯曲半径可尽量做大，埋设于混凝土内的导管，其弯曲半径均不应小于管外径的 6 倍，防止导线穿不过而造成开凿返工。

④弯曲管子，钢管一般采用电动弯管机；塑料管先用弹簧承住弯曲部分管子，然后进行弯曲，避免将管子弯扁。

⑤连接管子，钢管可采用螺纹连接和套管连接；塑料管一般采用套接法和插入法。

⑥线路中为接线和穿线的需要，需设接线盒（如图 6-44 所示）或拉线盒。线盒设置原则是安装电器的部位应设置接线盒；线路分支处或导线规格改变处应设置接线盒；水平敷设管路如遇管子长度每超过 30 m 无弯曲、管子长度每超过 20 m 有一个弯曲、管子长度每超过 15 m 有两个弯曲、管子长度每超过 8 m 有三个弯曲等情况，中间应增设接线盒或拉线盒；垂直敷设管路如遇导线截面 50 mm^2 及以下长度每超过 30 m、导线截面 70~95 mm^2 长度每超过 20 m、导线截面 120~240 mm^2 长度每超过 18 m 等情况，应增设固定导线用的拉线盒；管子通过建筑物变形缝时，加设接线盒作补偿器。

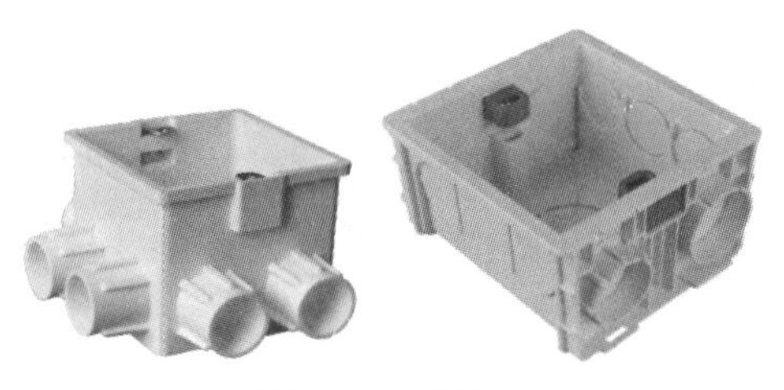

图 6-44　接线盒

连接插座时，因为插座安装高度一般是 300 mm，所以通常采用埋地敷设，按照接线盒设置原则，在水平管和伸入插座底盒的垂直管处，存在交叉，应设置接线盒，但实际生活中，此处往往设置有踢脚线，不方便检修，故埋地管一般不设置接线盒，分支等操作在插座盒里进行，保护管设成倒管形式，如图 6-45 所示。沿天棚敷设时，尽量利用灯头盒进行分支，减少接线盒的使用。

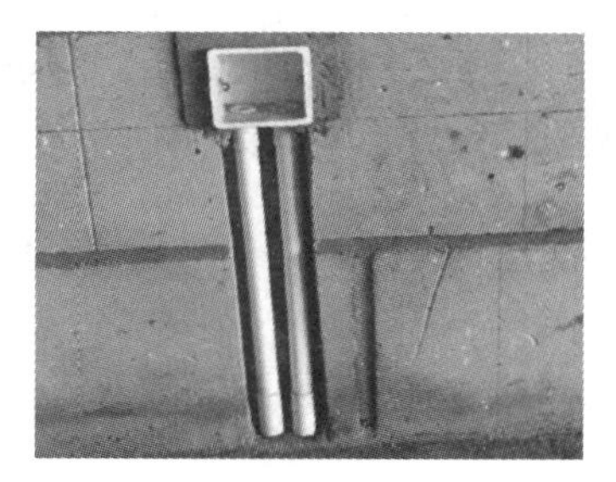

图 6-45　插座倒管

(3)线槽、桥架、管子安装

土建施工完后，未暗埋的支、干线可安装桥架，毛坯房或暗埋管线不够时，需开槽暗埋或明配管槽。若是配管穿墙，设置有梁时，注意应从梁底穿过来，避免破坏梁的结构，如图 6-46 所示。

图 6-46　有梁时配管

（4）配电箱安装

所有配电箱需安装牢固，型号及规格应符合要求。配电箱有落地式、悬挂式和嵌入式。落地式多在户外或厂房、实验室，悬挂式多为楼总照明箱或层配电箱，安装在强电井里，嵌入式多为户配电箱。悬挂式和嵌入式的配电箱安装高度按设计规定，如没有设计，通常底边高度为 1.5 m。

所有配电箱均应分别设置零线（N）和保护地线（PE）端子。配电箱的接地汇流排应与接地装置相连，室内接地线则从接地排引出。电缆应制作终端头与配电箱端子连接，电线根据截面面积，单股电线截面面积小于或等于 10 mm^2 可直接与配电箱端子连接，若大于 10 mm^2 时需设焊（或压）接端子与配电箱端子连接，如图 6-47 所示。

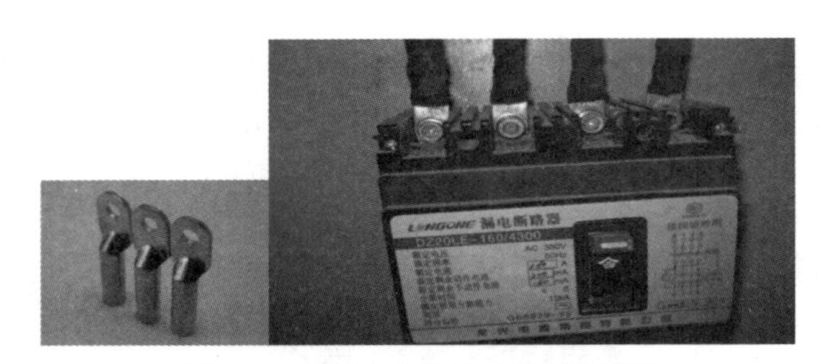

图 6-47　与配电箱相连时的导线端子

（5）线缆敷设

为保护绝缘电线、方便后期维修抽出电线等原因，所有电线敷设前必须设保护管，电缆敷设一般需设桥架或保护管。穿线前，应清除管内杂物和积水。穿线后，管口应密闭。采用多相供电时，同一建筑采用的电线绝缘层颜色应一致。PE 黄绿相间、N 线淡蓝色、A 相黄色、B 相绿色、C 相红色。不同回路、不同电压等级的交流电线与支流电线不应穿于同一导管内；所有管内电线不得有接头，所有接头应放在接线盒内或电气设备端子上进行。

（6）用电设备安装

灯具安装顺序如下：放线定位→灯头盒与配管到位→管内穿线→灯具安装→导线绝缘电阻测试→灯具接线→灯具试亮。

开关安装时，开关的标高应一致，且操作灵活、接触可靠，扳把向上时表示开灯，向下时表示关灯。根据电路图可知，开关的进线和出线都是相线，电路图如图 6-48 所示。

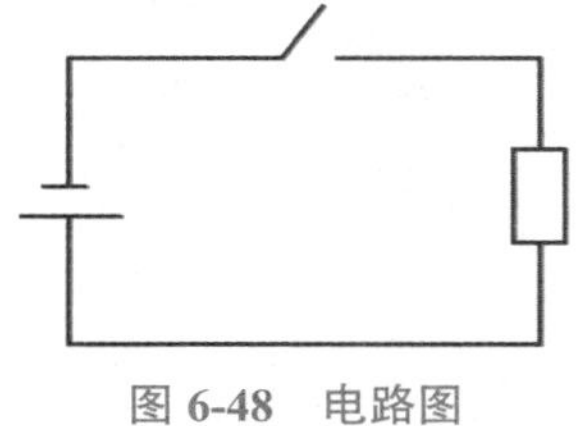

图 6-48　电路图

插座接线应该符合《建筑电气工程施工质量验收规范》（GB 50303—2015）规定。

①单相两孔插座，面对插座的右孔或上孔应与相线连接，左孔或下孔应与中性导体（N）连接；单相三孔插座，面对插座的右孔应与相线连接，左孔应与中性导体（N）连接。

②单相三孔、三相四孔及三相五孔插座的保护接地导体（PE）应接在上孔；插座的保护接地导体端子不得与中性导体端子连接；同一场所的三相插座，其接线的相序应一致。具体接线如图6-49所示。

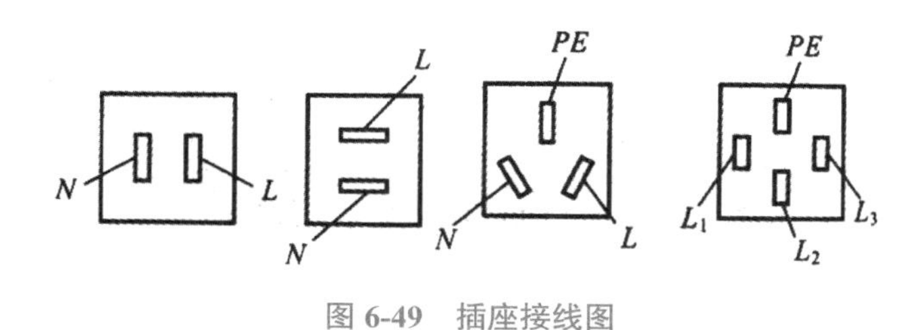

图6-49　插座接线图

（7）调试

调试主要是指电气设备的本体试验和主要设备的分系统调整和实验，以达到检测系统运行情况的目的。

◆ 任务实施

请完成任务布置并根据电气线路工程的构造特征，分组讨论，分类别画出思维导图。

解析：通过阅读和理解任务实施，详读深究教材。

任务四　认识防雷接地工程

◆ 任务引入

雷电是一种常见的自然现象，但是它能击毁房屋、杀伤人畜，对高层建筑危害更大，如何防止雷电的危害，保证建筑物及设备、人身的安全，就显得极为重要。

本任务将带领大家去了解雷电的形成，雷电防护及相应构造。

◆ 任务布置（勾一勾，画一画；议一议，想一想；再背一背，做一做）

1. 勾一勾雷电的类型及如何防护，想一想生活中的例子；
2. 勾一勾建筑物的防雷措施。

◆ 相关知识

一、雷电的形成

夏季暴雨前，我们常能感受到电闪雷鸣，如图 6-50 所示，那么雷电是怎么产生的呢？一般认为积雨云在形成过程中，某些云团带正电荷，某些云团带负电荷，它们对大地的静电感应，使地面或建（构）筑物表面产生异性电荷，当电荷积聚到一定程度时，不同电荷云团之间，或云与大地之间形成强大的电场，当电场积累到一定程度，就可以击穿空气，异性电荷剧烈中和，会出现很大的雷电流（一般为几十千安至几百千安），随之发生强烈的闪电和巨响，这就形成雷电，如图 6-51 所示。

图 6-50　雷电

图 6-51　雷电的形成

二、雷电的类型及易受雷击的部位

1. 直接雷击

直接雷击是指雷电对电气设备或建筑物直接放电，如图 6-52 所示，放电时雷电流可达几万甚至几十万安，容易引起火灾爆炸，造成房屋倒塌、设备毁坏及人员伤亡的重大事故。直接雷击的破坏作用最大。

图 6-52　直击雷

2. 雷电感应

雷电感应又称为感应雷，分为静电感应雷和电磁感应雷，如图 6-53 所示。静电感应雷指当雷云出现在建筑物的上方时，由于静电感应，在屋顶的金属上或其他导电凸出物积聚大量电荷，产生很高的电位；电磁感应雷是雷云放电时，巨大的冲击雷电流在周围空间产生迅速变化的强磁场，这种迅速变化的磁场能在邻近的导体上感应出很高的电动势。感应雷感应出的高电压往往会损坏电气设备，特别是电子元器件。

图 6-53　雷电感应

雷电感应的防止办法是将感应电荷的导电物体与设备等电位连接或电涌保护器连接，减小雷电流在它们之间产生的电位差。

3. 雷电波侵入

雷电波侵入是指由于线路、金属管道等遭受直接雷击或感应雷而产生的雷电波沿线路、金属管道等侵入变电站或建筑物而造成危害，如图 6-54 所示。据统计，这种雷电侵入波占系统雷害事故的 50%以上。因此，对其防护问题，应予相当重视。

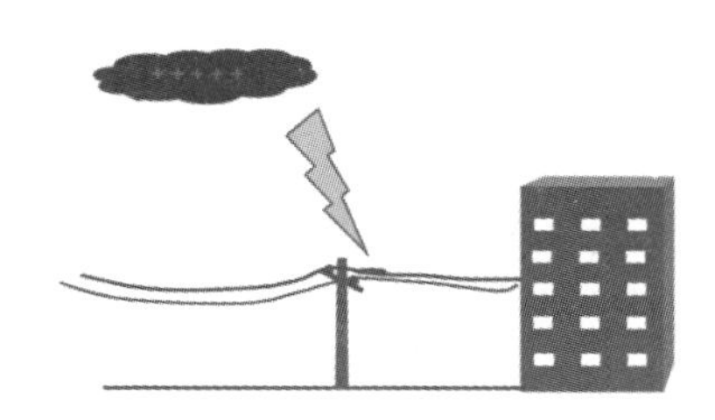

图 6-54　雷电波侵入

三、雷电的防护

1. 防直击雷

直击雷一般采用由接闪器（避雷针、避雷带、避雷网、避雷线）、引下线、接地装置构成的防雷装置防雷。接闪器是对建筑物雷击率高的部位，进行重点保护的一种接闪装置。

建筑的性质、结构以及建筑物所处位置都对落雷有着很大影响。建筑物屋面坡度与雷击部位关系较大，如平屋顶或坡度不大于 1/10 的屋顶——檐角、女儿墙、屋檐，坡度大于 1/10 的屋顶——屋角、屋脊、檐角、屋檐，坡度不小于 1/2 的屋顶——屋角、屋脊、檐角。

2. 防感应雷

通过将建筑物的金属屋顶、房屋中的大型金属物品全部加以良好的接地处理来消除感应，防雷装置与建筑物内外电气设备、电线或其他金属线的绝缘距离应符合防雷的安全距离，也可将相互靠近的金属物体全部可靠地连成一体并加以接地来消除。

3. 防雷电波侵入

防雷电波侵入的方式是配电线路全部采用地下电缆;进户线采用 50~100 m 长的一段电缆;在架空线进户处,加装避雷器或放电保护间隙。

四、建筑物的防雷措施

建筑物的防雷保护措施主要是装设防雷装置。防雷装置一般由接闪器、引下线和接地装置三部分组成。其作用原理是将雷电引向自身并安全导入大地,使被保护的建筑物免遭雷击,如图 6-55 所示。

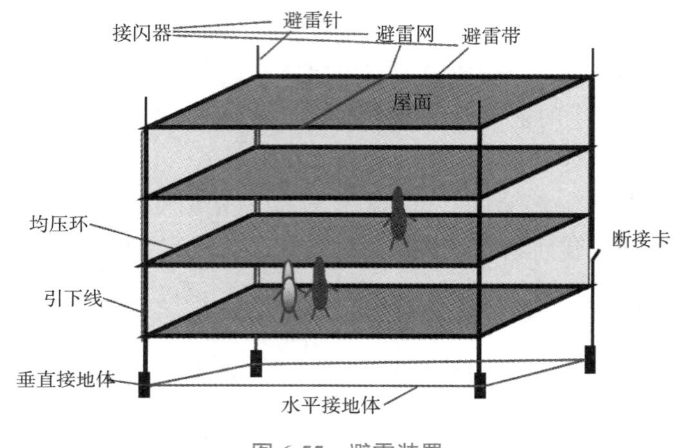

图 6-55　避雷装置

1. 接闪器

接闪器是专门用来截受雷击的金属导体。通常有避雷针、避雷带、避雷网以及兼作接闪的金属屋面和金属构件(金属烟囱、风管等)。所有接闪器都必须经过引下线与接地装置相连接。

(1)避雷针

避雷针是安装在建筑物突出部位或独立装设的针形导体,一般用镀锌圆钢或镀锌钢管制成。

(2)避雷带和避雷网

避雷带就是用小截面圆钢或扁钢装于建筑物易遭雷击的部位(屋脊、屋檐、屋角、女儿墙和山墙等)的条形长带,如图 6-56 所示。避雷网相当于纵横交错的避雷带叠加在一起,形成多个网孔。

明装避雷带(网)一般焊在支架上,当不上人屋面预留支撑件有困难时,可安在屋面混凝土支座上,支座可以在建筑物屋面面层施工过程中浇筑,也可以预制后再砌牢或与屋面防水层进行固定,其安装位置根据避雷带确定,一般是在直线段两端点(即弯曲处的起点)拉通线,根据均匀分布原则,间距 1~1.5 m 确定好中间支座位置。

暗装避雷带（网）是利用建筑物内的钢筋做避雷网，比如女儿墙压顶钢筋、高层建筑屋面板内的钢筋，外观上比明装美观。

高层建筑较高，因此要注意防备侧向雷击，一般是 30 m 以下部分每隔三层设均压环一圈，30 m 以上部分向上每隔三层在结构圈梁内敷设一圈 25×4 避雷带，并与引下线焊接形成水平避雷带，以防止侧击雷。

图 6-56　避雷针、避雷带

2. 引下线

引下线是将雷电从接闪器传导到接地装置的金属导体，一般采用圆钢或扁钢制成，应沿建筑物外墙敷设，经最短路径接地，引下线与接闪器连接处见图 6-57。引下线现一般都为暗敷或利用建筑物的钢筋，利用建筑物的钢筋应用最为广泛。

图 6-57　引下线引下处

（1）利用建筑物钢筋作引下线

利用建筑物、构筑物钢筋混凝土柱内的钢筋作为引下线时，其屋顶上部必须与接闪器进行可靠焊接。其下部必须与接地装置焊接，并符合下列要求：当钢筋直径为 16 mm 以上时，应利用两根钢筋贯通作为一组引下线；当钢筋直径为 8~10 mm 时，应利用四根钢筋贯通作为一组引下线。

利用建筑物混凝土内钢筋或钢柱作为引下线，同时利用其基础作接地体时，可不设断接卡，而应在室内外的适当位置（距地面 0.3 m 以上）从引下线上焊接出测试连接板，供测量、接人工接地体和等电位连接用。连接板处应有明显标志，如图 6-58 所示。当仅利用混凝土内钢筋作为引下线并采用埋于土壤中的人工接地体时，应在每根引下线距地面不低于 0.3 m 处设暗装断接卡，其上端应与引下线主筋焊接。

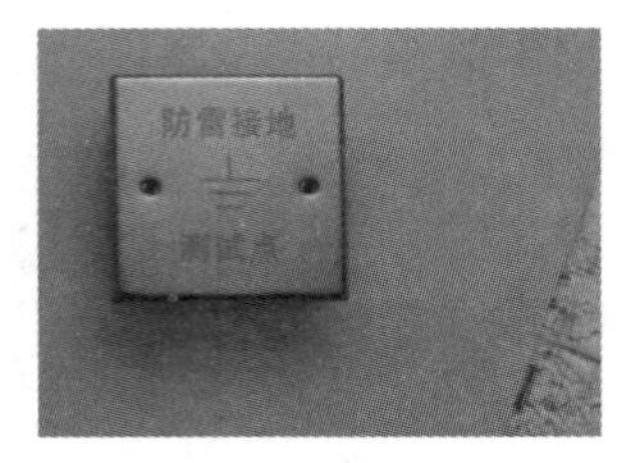

图 6-58　防雷接地测试点

（2）断接卡子制作安装

断接卡子有明装和暗装两种，用—40×40 或—25×4 的镀锌扁钢制作，用镀锌螺栓拧紧，如图 6-59 所示。断接卡子一般距地 1.8 m 安装。明装防雷引下线下方断接卡子下部，应外套硬塑料、钢管保护，保护管引伸入地下 300 mm 以上，断接卡子安装如图 6-60 所示。

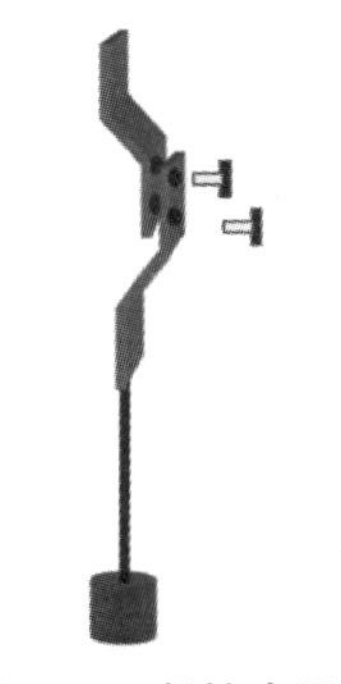

图 6-59　断接卡子

图 6-60　断接卡子安装

3. 接地装置

接地装置是接地体（又称接地极）和接地线的总称。它的作用是把引下线引下的雷电流迅速疏散到大地土壤中去。

（1）接地体或接地极

直接与土壤接触的金属导体称为接地体或接地极。接地体可分为人工接地体和自然接地体。

人工接地体是指专门为接地而装设的接地体，按其敷设方式可分为垂直接地体和水平接地体。人工接地体一般采用钢管、圆钢、角钢或扁钢等安装和埋入地下，埋设深度不应小于 0.7 m，且必须在大地冻土层以下。最常用的垂直接地体为直径 50 mm、长 2.5 m 的钢管，这是最为经济合理的。

自然接地体是指兼作接地体用的直接与大地接触的各种金属构件、金属管道等，建筑物的钢筋混凝土基础里的钢筋用来防雷极其广泛，如图 6-61 所示。利用自然接地体时，一定要保证良好的电气连接，在建（构）筑物结构的结合处，除已焊接者外，凡用螺栓连接或其他连接的，都要采用跨接焊接。

图 6-61　自然接地体

(2)接地线

连接于电气设备接地部分与接地体间的金属导线称为接地线。接地线分为人工接地线和自然接地线。人工接地线一般采用扁钢或圆钢。

五、其他

由于感应雷,建筑物内的外露金属容易产生电流和电位差,因此需要增加一些连接导线均衡电位。

(1)门窗接地

门窗尤其是铝合金窗在外墙上,极易产生静电感应,一般将门窗用接地线与防雷装置连接,将产生的电流引导过去,实现接地。

(2)接地跨接

接地跨接是两个金属体(机柜、桥架、线槽、钢筋、金属管等)之间用金属连接体(导线、圆钢、扁钢、扁铜等)连接起来,形成良好的接地体。

(3)等电位

等电位联结是使建筑物电气装置的各外露可导电部分与电气装置外的其他金属可导电部分进行电位基本相等的电气连接。它包括总等电位联结(MEB)和局部等电位联结(LEB)。总等电位联结作用于全建筑物,在每一个电源进线处,利用联结干线将保护线、接地线的总接线端子与建筑物内电气装置外的可导电部分(如进出建筑物的金属管道、建筑物的金属结构构件)连接成一体。局部等电位联结指在局部范围内设置的等电位联结。

◆ 任务实施

请完成任务布置并根据电气防雷系统的构造特征,分组讨论,画出思维导图。

解析:通过阅读和理解任务实施,详读深究教材。

任务五　学习电气工程识图

◆ 任务引入

造价专业最终的目的是编制出电气工程预算，所有的预算都是在工程修建之前进行的，所以我们必须学习如何识读电气工程图，以便更好地进行预算编制。怎么进行电气工程识图呢？下面是某实验室电气照明平面图系统图，如图 6-62 和图 6-63 所示，要能识读图纸需要学习什么知识？

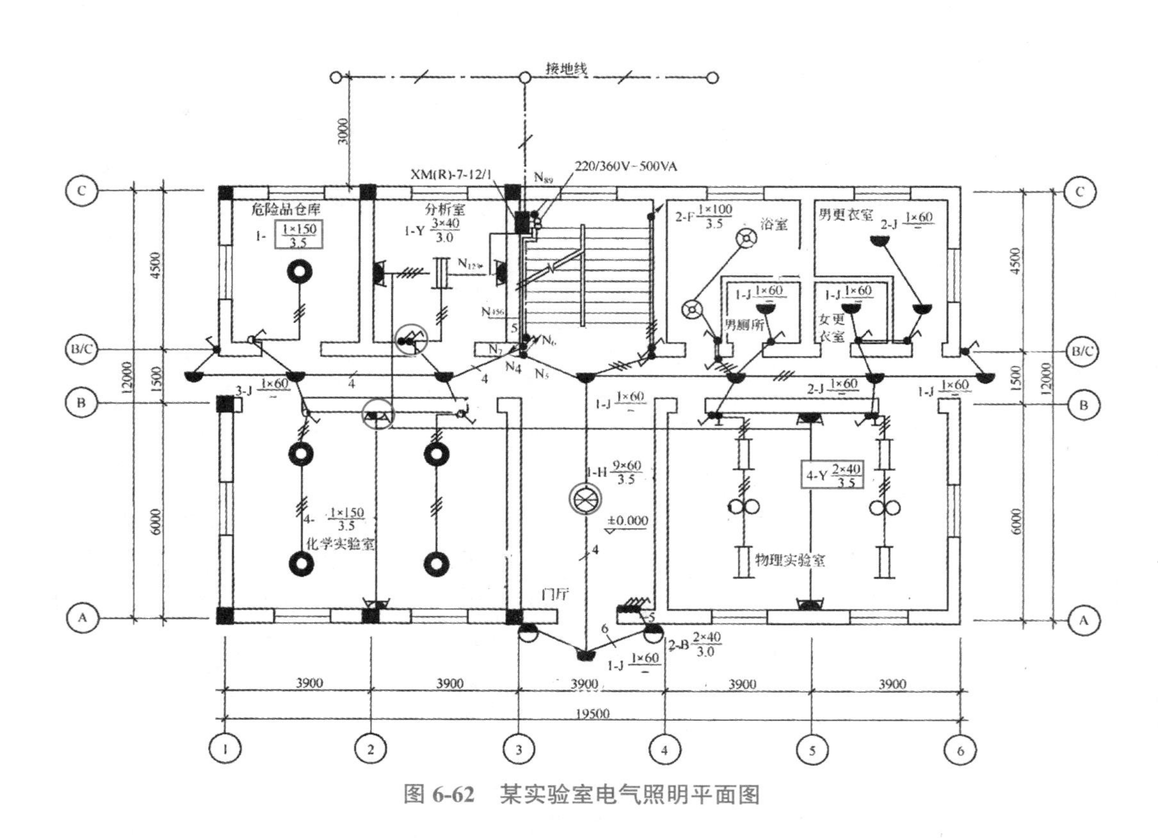

图 6-62　某实验室电气照明平面图

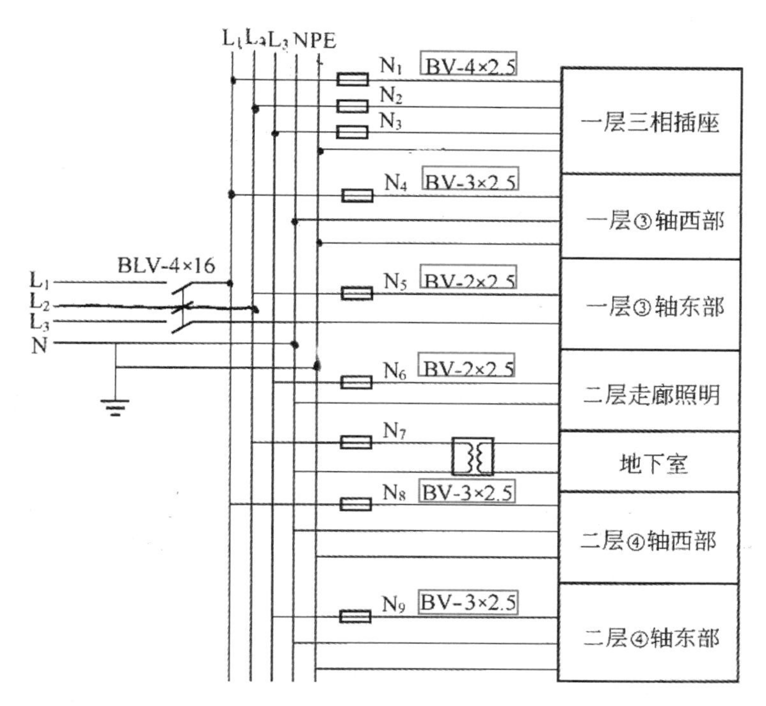

图 6-63 某实验室电气照明平面图系统图

通过图纸发现了以下问题：一是有许多图形（蓝色圆圈表示），有些同学猜测是灯具，但图形有很多种，是什么灯具，其他用电设备，例如开关、插座这些呢？所以我们第一个要解决的就是这些图形代表着什么意思？二是图形旁边往往还有数字和字母，例如平面图上的 $1-\frac{1\times150}{3.5}$，系统图上的 BV-2 × 2.5（蓝色方框表示），这些数字和字母又是什么意思呢？三是我们已经知道给排水工程最主要的图纸是平面图和系统图，我们根据平面图获得平面尺寸，根据系统图得到标高，从而获取给排水工程的立体尺寸，那么电气工程图有哪些呢？我们编制预算时计量所需要的尺寸如何获得？四是图纸上有相当多的线条，线条上还有短斜线和数字，这是什么意思？很多同学都理解的很好，认为是电线根数，那么问题又来了，为什么有的地方三根，有的地方五根，有的地方没有任何标注？接下来，我们就带着大家把这几个问题解决了，大家就学会了如何识读电气工程图。电气工程图识图较为抽象，大家一定要多思、多想、多动手，掌握了电气识图，你会有很强大的成就感，加油！同学们！

◆ 任务布置（勾一勾，画一画；议一议，想一想；再背一背，做一做）

1. 熟背常用电气设备的图形符号、线路标注、灯具标注；
2. 分组讨论主要电气工程图的类型、作用，理解并掌握；
3. 分组讨论电气基本线路，背一背，在图纸上做一做；
4. 勾一勾电气识图方法，在图纸上做一做；
5. 完成任务实施。

◆ 相关知识

一、常用电气图形符号

照明电气工程中，电气设备灯具、开关、插座必不可少，但是像卫生设备那样形象化不太现实，因此需要用图形符号来表示，下面列举常用的图形符号，请大家认真牢记，这是识读电气工程图的基础。具体图形符号见表 6-1、表 6-2、表 6-3。

表 6-1　灯具的图形符号

1. 灯具								
							n	
灯	花灯	防水防尘灯	半圆球吸顶灯	壁灯	单管荧光灯	三管荧光灯	多管荧光灯	电风扇

表 6-2　开关的图形符号

一级单控明开关	一级单控暗开关	二级单控暗开关	可调开关	双控暗开关	拉线开关

表 6-3　插座的图形符号

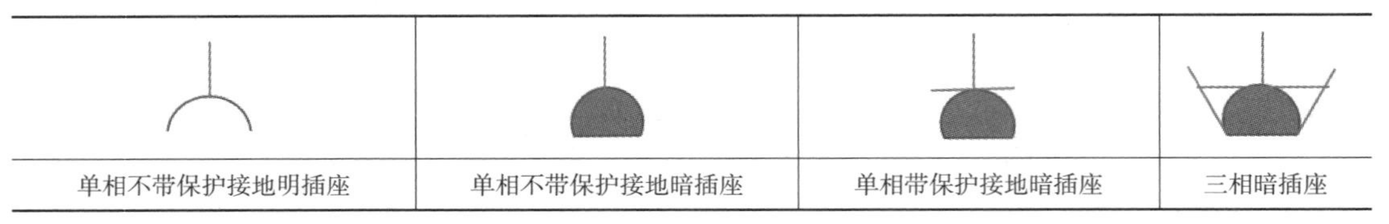

单相不带保护接地明插座	单相不带保护接地暗插座	单相带保护接地暗插座	三相暗插座

二、线路标注及灯具标注

1. 电缆的标注

电缆的标注如下所示：

a　b-c(d × e+f × g)i-jh

其中　a—线缆编号；

b—型号(不需要可省略)；

c—线缆根数；

d—电缆线芯数；

e—线芯截面积(mm^2)；

f—PE、N 线芯数；

g—线芯截面积(mm^2)；

h—线缆敷设安装高度(m)；

i—线缆敷设方式；

j—线缆敷设部位。

注：上述字母无内容则省略该部分

如 WP201 YJV-0.6/1kv-2 (3 × 150+2 × 70)SC80-WS3.5 表示电缆编号为 WP201；电缆型号、规格为 YJV-0.6/1kv-(3 × 150+2 × 70)；两根电缆并联连接；线缆敷设高度距地 3.5 m。

建筑电气工程图常在电气设备、装置、元器件图形符号旁标注文字符号，以表明电气设备、装置和元器件的名称、功能、状态和特征。文字符号分为基本文字符号和辅助文字符号。

基本文字符号分为单字母符号和双字母符号。单字母符号是用拉丁字母将各种电气设备、装置、元器件分为 23 大类，每一类用一个专用单字母标示，如“R”表示电阻器类。当用单字母符号不能满足要求、需要将大类进一步划分时，才采用双字母符号。它是由一个表示种类的单字母符号与另一个字母组成，其组合形式以单字母符号在前，另一字母在后。双字母符号的第一位字母只允许按单字母所表示的种类使用，第二位字母通常选用该类设备、装置和元器件的英文名词的首位字母，或采用缩略语或约定俗成的习惯用字母。例如“W”为线路的单字母符号，则照明线路和动力线路分别为“WL”和“WP”。

辅助文字符号是用以表示电气设备、装置和元器件以及线路的功能、状态和特征的，基本上使用的是英文名字的缩写。如“ON”表示接通，“OFF”表示断开。还有的辅助文字符号专门用来表示一些特殊用途的接线端子、导线等，如“PE”表示保护接地。

部分常用的文字符号见表 6-4。

表 6-4　部分常用的文字符号

序号	中文名称	文字符号	英文
标注线路用文字符号			
1	照明线路	WL	Illuminating(Lighting) line
2	电力线路	WP	Power line
线路敷设方式和敷设部位用文字符号			
3	穿焊接钢管敷设	SC	Run in welded steel conduit
4	穿硬塑料管敷设	PC	Run in rigid PVC conduit
5	沿墙面敷设	WS	On wall surface
6	暗敷设在墙内	WC	Concealed in wall
7	沿顶棚或顶板面敷设	CE	Along ceiling or slab surface
8	暗敷设在屋面或顶板内	CC	Concealed in ceiling or slab
9	地板或地面下敷设	F	In floor or ground

2. 配电线路的标注

配电线路的标注如下所示：

$$a\quad b\text{-}(c\times d+g\times h)e\text{-}f$$

其中　a—线路编号；

b—型号(不需要可省略)；

c—导线根数；

d—线芯截面积(mm^2)；

e—线路的敷设方式和穿管直径；

f—线路敷设部位；

g—导线根数；

h—线芯截面积(mm^2)。

如 W1 BV(4×25+1×16)PC63-FC 表示线路编号为 W1；四根截面积为 25 mm^2；一根截面积为 16 mm^2 的聚氯乙烯铜芯绝缘电线穿直径为 63 的硬质塑料管，埋地暗敷。

3. 照明灯具的标注

照明灯具的标注如下所示。

$$a-b\frac{c\times d\times l}{e}f$$

其中　a—灯数；

b—型号或编号(不需要可省略)；

c—每盏照明灯具的灯泡数；

d—灯泡安装容量；

e—灯泡安装高度(m),“-”表示吸顶安装;

f—安装方式;

l—光源种类。

如 $5-BYS80\frac{2\times40\times FL}{3.5}CS$ 表示五盏BYS-80型灯具;灯管为二根40 W荧光灯管;灯具链吊安装;安装高度距地3.5 m。

灯具的安装方式主要有吸顶安装、嵌入式安装、吸壁安装及吊装,其中吊装方式又分为线吊、链吊及管吊。部分常见灯具安装方式的文字符号可见表6-5。常用光源的种类有白炽灯(IN)、荧光灯(FL)、汞灯(Hg)、碘灯(I)、氙灯(Xe)、氖灯(Ne),光源种类一般很少标注。

表6-5　部分常见灯具安装方式的文字符号

序号	名称	标注文字符号		序号	名称	标注文字符号	
		新标准	旧标准			新标准	旧标准
1	线吊式	SW	WP	4	壁装式	W	W
2	链吊式	CS	C	5	吸顶式	C	-
3	管吊式	DS	P	6	嵌入式	R	R

三、电气工程图

1. 电气平面图

电气平面图是表示电气设备、装置与线路平面布置的图纸,是进行电气安装的主要依据。电气平面图是以建筑平面图为依据,在图上绘出电气设备、装置的安装位置及标注线路敷设方法等。常用的电气平面图,如照明平面图,用来表示电气设备的编号、名称、型号及安装位置、线路的起始点、敷设部位、敷设方式及所用导线型号、规格、根数、管径大小。电气工程图中,通过图纸能获得尺寸的基本只有电气平面图。

2. 系统图

系统图是用符号或带注释的框,概略表示系统或分系统的基本组成、相互关系及其主要特征的一种简图。系统图反映系统的基本组成、主要电气设备、元件之间的连接情况以及它们的规格、型号、参数等。

3. 接线图或接线表

接线图(如图6-64所示)是表示成套装置、设备或装置(如配电箱)的连接关系,用以进行接线和检查的一种简图或表格。接线表可以用来补充接线图,也可以用来代替接线图。

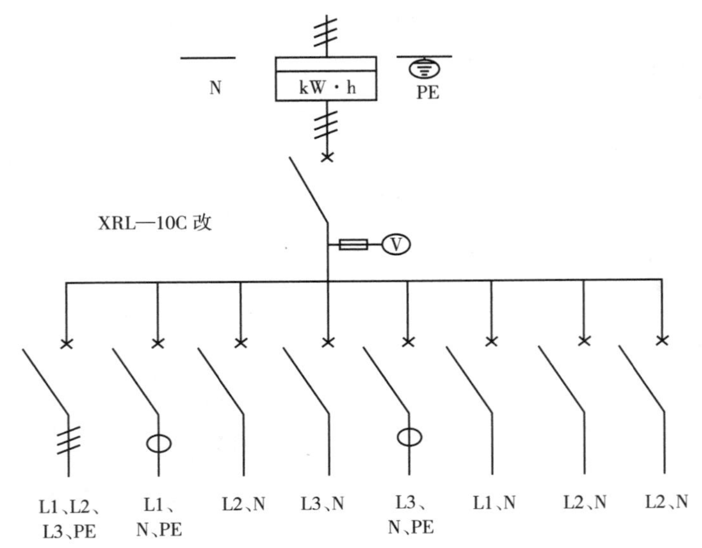

回路编号	W1	W2	W3	W4	W5	W6	W7	W8
导线数量与规格/mm²	4×4	3×2.5	2×2.5	2×2.5	3×4	2×2.5	2×2.5	2×2.5
配线方向	一层 三相插座	一层 ③轴西部	一层 ③轴东部	走廊照明	二层 单相插座	二层 ④轴西部	二层 ④轴东部	备用

图 6-64　接线图

4. 电路图

电路图是用图形符号并按工作顺序排列，详细表示电路、设备或成套装置的全部基本组成和连接关系，而不考虑其实际位置的一种简图，如图 6-65 所示。目的是便于详细理解作用原理，分析和计算电路特性。这种图又习惯上称为电气原理图或原理接线图。

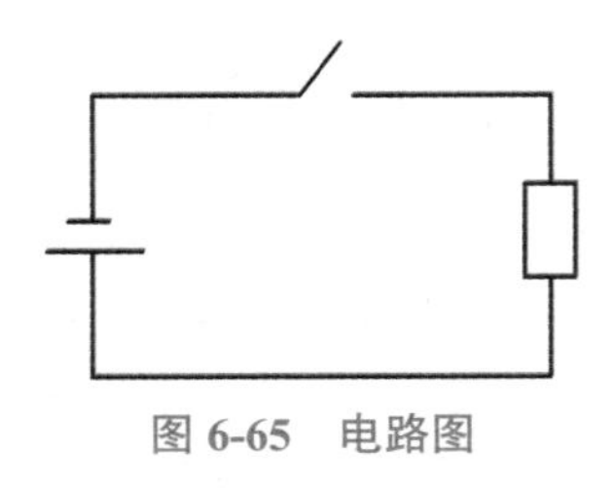

图 6-65　电路图

其用途是详细理解电路、设备或成套装置及其组成部分的作用原理，为测试和寻找故障提供信息，作为编制接线图的依据。

5. 数据单

数据单是对特定项目给出详细信息的资料。例如电缆清册、设备材料表。设备材料表一般都要列出系统主要设备及主要材料的规格、型号、数量、具体要求和产地。但是表中的数量一般只作为概算估计数，不作为设备和材料的供货依据。

6. 大样图

大样图一般用来表示某一具体部位或某一设备元件的结构或具体安装方法，通过大样图可以了解该项工程的复杂程度。一般非标准的控制柜、箱，检测元件和架空线路的安装都要用到大样图，大样图通常采用标准通用图集。剖面图是大样图的一种。

四、电气基本线路

1. 电路表示

我们看到平面图上各个用电设备之间有一根线条连接，这就是配管配线，一根配管里至少安装两根电线。电线根数怎么表示呢？电路有两种表示方法。一种是多线表示法，即每根导线在简图上都分别用一条线表示；一种是单线表示法，即两根及两根以上的导线，在简图上只用一条线表示，并在线上用短斜线或数字表示出根数。（一般未标明根数的电路默认为两根导线）。

例如：BV（3×2.5）PC20

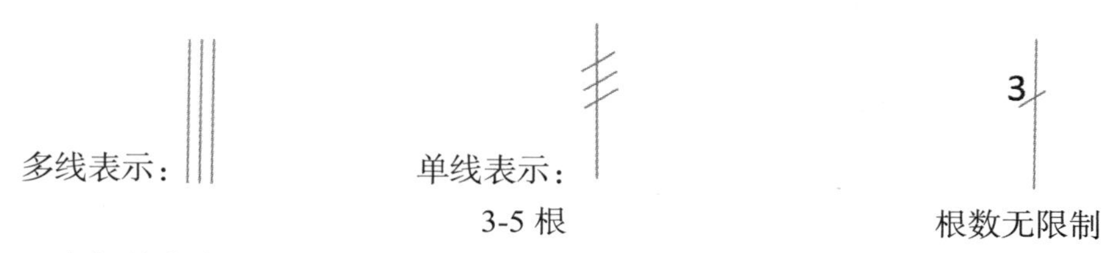

2. 电气基本线路 1

一根配管里有两根以上的电线，我们如何确定呢？

一只开关控制一盏灯的电气照明图，如图 6-66 所示。这是一种最常用、最简单的照明控制线路，到开关和到灯具的线路都是两根线，相线（L）经开关控制后到灯具，零线（N）直接到灯具，一只开关控制多盏灯时，几盏灯均应并联接线。

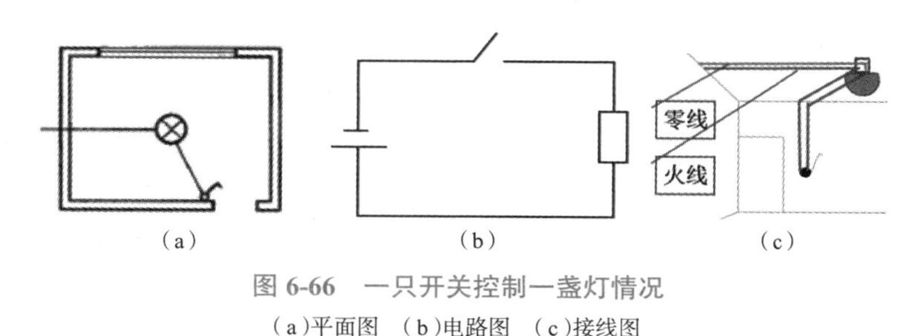

图 6-66　一只开关控制一盏灯情况

（a）平面图　（b）电路图　（c）接线图

3. 电气基本线路 2

多个开关控制多盏灯的电气照明图，如图 6-67 所示。当一个空间有多盏灯需要多个开关单独控制时，可以适当把控制开关集中安装，相线可以公用接到各个开关，开关控制后分别连接到各个灯具，零线直接到各个灯具。

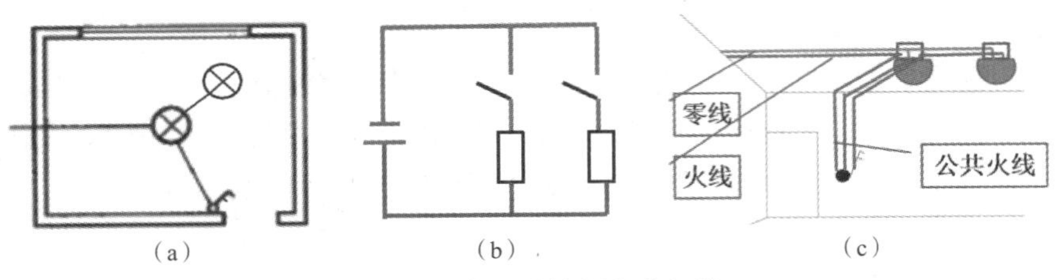

（a） （b） （c）

图 6-67 多个开关控制多盏灯情况

（a）平面图 （b）电路图 （c）接线图

4. 电气基本线路 3

两只双控开关在两处控制一盏灯的电气照明图，如图 6-68 所示。用两只双控开关在两处控制同一盏灯，常用于楼梯、过道、卧室。

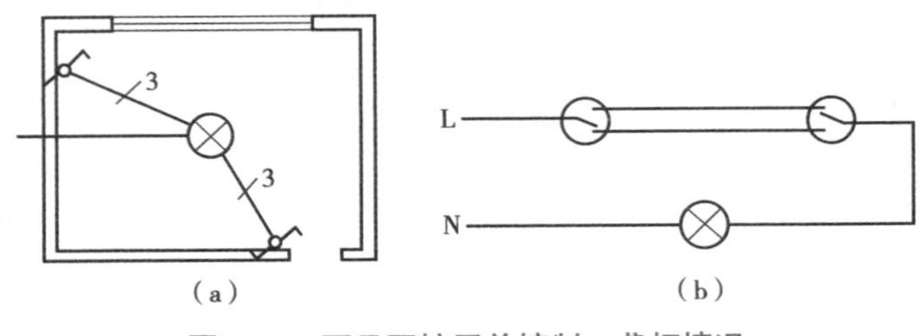

（a） （b）

图 6-68 两只双控开关控制一盏灯情况

（a）平面图 （b）接线图

五、电气案例识图

1. 识读方法

阅读一套图纸，一般可按以下顺序，而后再重点阅读。

① 看标题栏及图纸目录，了解工程名称、项目内容、设计日期及图纸内容、数量等。

② 看设计说明，了解工程概况、设计依据等，了解图纸中未能表达清楚的各有关事项。

③ 看设备材料表，了解工程中所使用的设备、材料的型号、规格和数量。

④ 看系统图，了解系统基本组成，主要电气设备、元件之间的连接关系以及它们的规格、型号、参数等，掌握该系统的组成概况。

⑤ 看平面布置图，如照明平面图、防雷接地平面图。了解电气设备的规格、型号、数量及线路的起始点、敷设部位、敷设方式和导线根数等。平面图的阅读可按照以下顺序进行：电源进线→总配电箱→干线→支干线→分配电箱→用电设备。

⑥ 看控制原理图，了解系统中电气设备的电气自动控制原理，以指导设备安装调试工作。

⑦ 看安装接线图，了解电气设备的布置与接线。

⑧ 看安装大样图，了解电气设备的具体安装方法、安装部件的具体尺寸等。

在识图时，应抓住要点进行识读：一是了解供电电源的来源、引入方式及路数，所以先要阅读系统图，对整个系统有一个全面了解；二是明确各配电回路的相序、路径、管线敷设部位、敷设方式以及导线的型号和根数，明确电气设备、器件的平面安装，一般可以从进线开始，经过配线箱后一条支路一条支路地阅读；三是熟悉施工顺序，便于阅读电气施工图。如识读配电系统图、照明与插座平面图时，就应首先了解室内配线的施工顺序；四是识读时，施工图中各图纸应协调配合阅读。对于具体工程来说，为说明配电关系时需要有配电系统图；为说明电气设备、器件的具体安装位置时需要有平面布置图；为说明设备工作原理时需要有控制原理图；为表示元件连接关系时需要有安装接线图；为说明设备、材料的特性、参数时需要有设备材料表。这些图纸各自的用途不同，但相互之间是有联系并协调一致的。在识读时应根据需要，将各图纸结合起来识读，以达到对整个工程或分部项目全面了解的目的。

2. 案例说明

某办公试验楼是一幢两层楼带地下室的平顶楼房。该楼照明配电系统图、一层照明平面图、二层照明平面图、施工说明，如图 6-62、图 6-63、图 6-69 所示，请按照本节知识点识读。

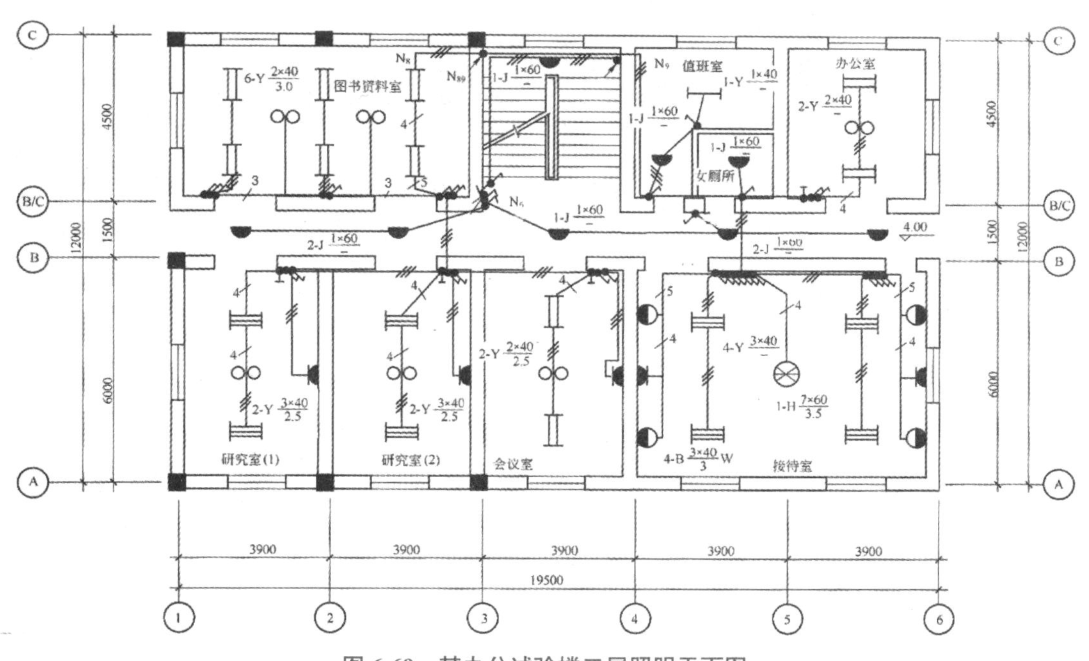

图 6-69 某办公试验楼二层照明平面图

施工说明如下。

①电源为三相四线 380/220 V，进户导线采用 BLV-500-4 × 16 mm²，自室外架空线路引进，室外埋设接地极引出接地线作为 PE 线随电源引入室内。

②化学试验室、危险品仓库按爆炸性气体环境分区为 2 区，导线采用 BV-500-2.5 mm²。

③一层配线：三相插座电源导线采用 BV-500-4 × 2.5 mm²，穿直径为 20 mm 普通水煤气

管埋地敷设；化学试验室和危险品仓库为普通水煤气管明敷设；其余房间为 PVC 硬质塑料管暗敷设；导线采用 BV-500-2.5 mm^2。

④二层配线：为 PVC 硬质塑料管暗敷，导线采用 BV-500-2.5 mm^2。

⑤楼梯：均采用 PVC 硬质塑料管暗敷。

⑥灯具代号说明：G—隔爆灯；J—半圆球吸顶灯；H—花灯；F—防水防尘灯；B—壁灯；Y—荧光灯。

◆ 任务实施

请根据下列平面图 6-70 分组讨论研究识图知识，画出其实际接线图，并分析其配线情况。

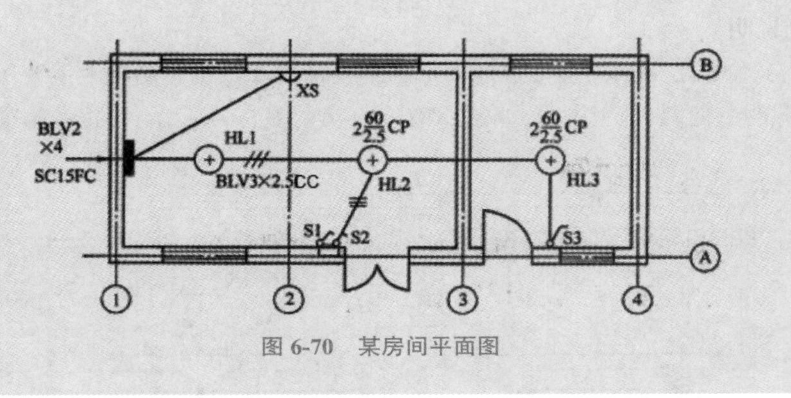

图 6-70　某房间平面图

第一滴　负荷分级

★★★☆☆

由于不可能对所有的用电单位和用电设备都采取相同的供电措施，所以供配电设计应首先对用电单位和用电设备进行负荷分级，其目的和意义在于根据不同的负荷级别确定用电单位和用电设备的供电要求和供电措施，以保证供电系统的安全性、可靠性、先进性和合理性。根据用电单位（即电能用户）和用电设备的规模、功能、性质及其在政治、经济上的重要性分为一、二、三级。

1. 一级负荷

一级负荷是指中断供电将造成人员伤亡的负荷，如医院急诊室、监护病房、手术室的负荷；中断供电将造成重大政治、经济损失的负荷，例如重大设备损坏、重大产品报废、有害物质溢出严重污染环境、国民经济中重点企业的连续生产过程被打乱需要长时间才能恢复；中断供电将影响有重大政治、经济意义的用电单位正常工作的负荷，重要交通枢纽、重要通信枢纽、重要宾馆、大型体育场馆、经常用于国际活动的大量人员集中的公共场所等用电单位中的重要电力负荷。

在一级负荷中，当中断供电将发生中毒、爆炸和火灾等情况的负荷，以及特别重要场所的不允许中断供电的负荷，应视为特别重要的负荷。一级负荷供电时除了采用两个互相独立的电网电源供电外，还应设置备用电源，一般备用电源采用柴油发电机组或直流蓄电池组。

2. 二级负荷

二级负荷是指中断供电将在政治、经济上造成较大损失的负荷，主要设备损坏、大量产品报废、连续生产过程被打乱需较长时间才能恢复、重点企业大量减产等；中断供电将影响重要用电单位正常工作的负荷，交通枢纽、通信枢纽等用电单位中的重要电力负荷；中断供电将造成大型影剧院、大型商场等较多人员集中的重要的公共场所秩序混乱的负荷。

二级负荷供电时除了采用两个互相独立的线路外，还应根据实际情况设置备用电源。

3. 三级负荷

三级负荷是指不属于一级和二级的电力负荷。三级负荷对供电无特殊要求。

1. 漏电保护器

漏电保护器简称漏电开关，又叫漏电断路器，主要是用来在电路或电器绝缘受损发生对地短路使设备发生漏电故障时对有致命危险的人身触电保护，具有过载和短路保护功能，如图 6-71 所示。一般安装于每户配电箱的插座回路上和全楼总配电箱的电源进线上，后者专用于防电气火灾。

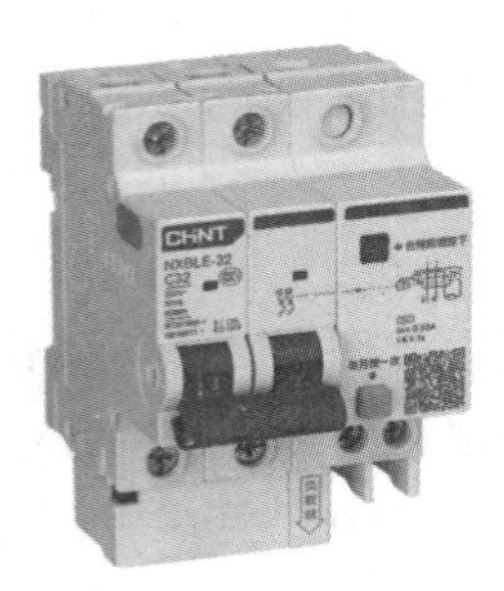

图 6-71　漏电保护器

2. 浪涌保护器

浪涌保护器也叫防雷器，是一种为各种电子设备、仪器仪表、通信线路提供安全防护的电子装置，如图 6-72 所示。当电气回路或者通信线路中因为外界的干扰突然产生尖峰电流或电压时，浪涌保护器能在极短的时间内导通分流，把窜入电力线、信号传输线的瞬时过电压限制在设备或系统所能承受的电压范围内，或将强大的雷电流泄疏入地，保护被保护的设备或系统不受冲击，从而避免浪涌对回路中其他设备的损害。

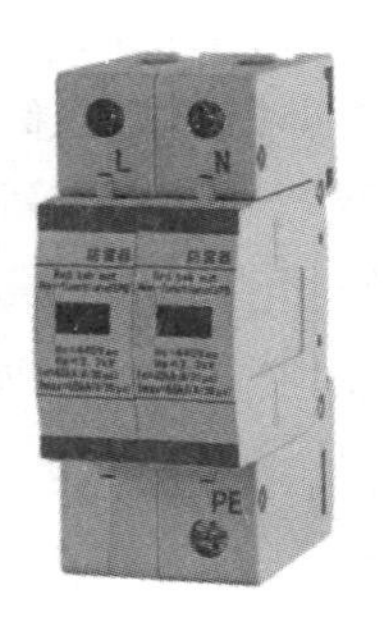

图 6-72　浪涌保护器

3. 接触器

接触器是一种可快速切断交流与直流主回路且可频繁地接通与关断大电流控制（达 800 A）电路的装置，常用于控制电动机，也可用作控制工厂设备、电热器、和各电力机组等电力负载，接触器不仅能接通和切断电路，还具有低电压释放保护作用，如图 6-73 所示。接触器控制容量大，适用于频繁操作和远距离控制，是自动控制系统中的重要元件之一。

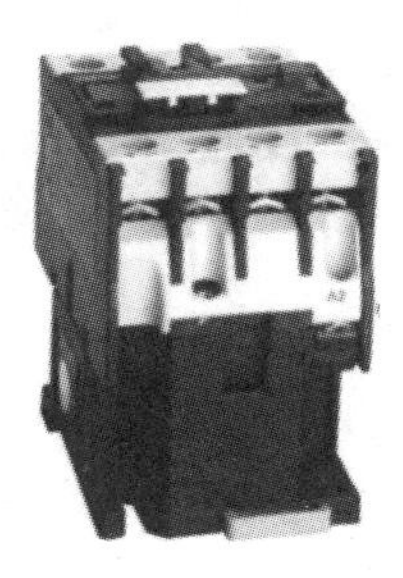

图 6-73　接触器

4. 继电器

继电器是一种电控制器件，当输入量（激励量，电压、电流、时间、热等）的变化达到规定要求时，对电气输出电路控制和保护，如图 6-74 所示。继电器通常应用于自动化的控制电路中，在电路中起自动调节、安全保护、转换电路等作用。继电器种类很多，热继电器比较常用，主要是用于电气设备（主要是电动机）的过负荷保护。

图 6-74　继电器

同一路径敷设电缆较多而且按规划沿此路径的电缆线路有增加时，为施工及今后使用、维护的方便，宜采用电缆沟敷设或电缆隧道敷设（电缆隧道可以说是尺寸较大的电缆沟）。

1. 电缆沟

电缆沟分为沟底、沟壁和沟盖，如图 6-75 所示。沟底一般是现浇混凝土，沟壁是用砖砌筑或用混凝土浇灌而成，沟盖用钢筋混凝土盖板（通常为预制）。

图 6-75 电缆沟

2. 电缆沟内电缆支架的制安

电缆敷设在电缆沟内应使用支架固定。支架的制作由工程设计决定,通常采用角钢支架,支架需进行防腐处理,如图 6-76 所示。

图 6-76 电缆沟支架

3. 防水、防火、防电

电缆沟应采取防水措施,底部做成坡度不小于 0.5%的排水沟,积水可直接排入排水管道或经集水坑用泵排出。电缆沟应设置防火隔离措施,如图 6-77 所示。为避免电缆产生故障时危及人身安全,电缆支架全长均应有良好的接地。电缆线路较长时,还应根据设计进行多点接地。接地线宜使用直径不小于 12 mm 的镀锌圆钢或 25 × 4 的扁钢在电缆敷设前与支架的立柱内或外侧进行焊接。当电缆支架利用沟的护边角钢做接地线时,不需要再设专用接地线。

图 6-77 电缆沟防火

4. 电缆隧道

电缆隧道敷设和电缆沟敷设基本相同,只是电缆隧道所容纳的电缆根数更多(一般在

18 根以上），电缆隧道净高不应低于 1.9 m，其底部处理与电缆沟底部相同，做成坡度不小于 0.5%的排水沟，四壁应做严格的防水处理。

1. 电缆排管敷设

如果直埋的电缆全部采用保护管，并且排列起来，用水泥砂浆筑注成一个整体，就叫做电缆排管，如图 6-78 所示。电缆排管可以采用预制水泥管、钢管、硬质塑料管、石棉水泥管等。电缆数量不多，但道路交叉多，路径拥挤时，可采用电缆排管敷设。

图 6-78 电缆排管敷设

2. 电缆室内外支架明敷

电缆室内外支架明敷是将电缆直接敷设在构架上，可以像在电缆沟中一样，使用支架，也可以使用钢索悬挂或用挂钩悬挂，如图 6-79 所示。

图 6-79 钢索悬挂

3. 桥架敷设

电缆桥架主要用于电缆在室内的敷设，主要有沿顶板安装、沿墙水平和垂直安装、沿竖井安装、沿地面安装、沿电缆沟及管道支架安装。其工艺流程为：弹线定位→预留孔洞→预埋铁件→金属膨胀螺栓安装→支架与吊架安装→桥架安装→接地线安装→电缆沿桥架敷设。

桥架通常架设在地面以上，因此不存在防水问题，但仍然需要防火和防电。敷设在竖井内和穿越不同防火分区的桥架，按设计要求位置，有防火隔堵措施，如图 6-80 所示。为使钢制电缆桥架系统有良好的接地性能，整个系统必须具有可靠的电气连接，需与接地装置连接在一起，如图6-81所示，电缆桥架的伸缩缝或软连接处需采用编织铜软线连接，如图6-82所示。

图 6-80　电缆穿楼板防火处理

图 6-81　桥架接地

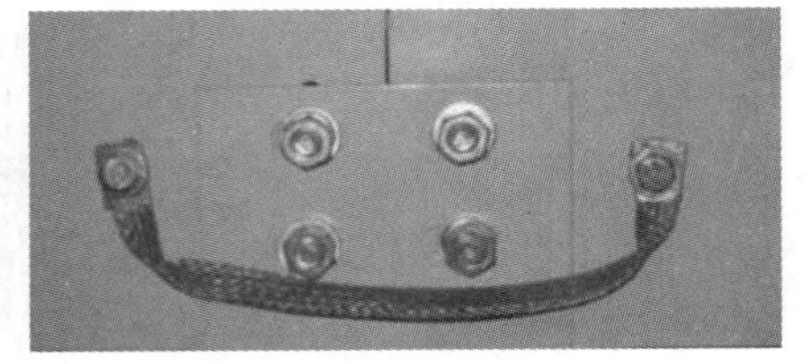

图 6-82　桥架连接处接地处理

建筑物根据其重要性、使用性质、发生雷电事故的可能性和后果，按防雷要求分为以下三类，见表6-6。

表 6-6　防雷等级

类别	内　容
一类	(1)凡制造、使用或储存炸药、火药、起爆药、火工品等大量爆炸物质的建筑物，因电火花而引起爆炸，会造成巨大破坏和人身伤亡者；(2)具有0或10区爆炸危险环境的建筑物；(3)具有1区爆炸危险环境的建筑物，因电火花而引起爆炸，会造成巨大破坏和人身伤亡者
二类	(1)国家级重点文物保护的建筑物；(2)国家级的会堂、办公建筑物、大型展览和博览建筑物、大型火车站、国家宾馆、国家级档案馆、大型城市的重要给水水泵房等特别重要的建筑物；(3)国家级计算中心、国际通信枢纽等对国民经济有重要意义且有大量电子设备的建筑物；(4)制造、使用或储存爆炸物质的建筑物，且电火花不易引起爆炸或不至造成巨大破坏和人身伤亡者；(5)具有1区爆炸危险环境的建筑物，且电火花不易引起爆炸或不致造成巨大破坏和人身伤亡者；(6)具有2区或11区爆炸危险环境的建筑物；(7)工业企业有爆炸危险的露天钢质封闭气罐；(8)预计雷击次数大于0.06次/年的部、省级办公建筑物及其他重要或人员密集的公共建筑物；(9)预计雷击次数大于0.3次/年的住客、办公楼等一般性民用建筑物
三类	(1)省级重点文物保护的建筑物及省级档案馆；(2)预计雷击次数大于或等于0.012次/年，且小于或等于0.06次/年的部、省级办公建筑物及其他重要或人员密集的公共建筑物；(3)预计雷击次数大于或等于0.06次/年，且小于或等于0.03次/年的住宅、办公楼等一般民用建筑物；(4)预计雷击次数大于或等于o.06次/年的一般性工业建筑物；(5)根据雷击后对工业生产的影响及产生的后果，并结合当地气象、地形、地质及周围环境等因素，确定需要防雷的21区、22区、23区火灾危险环境；(6)在平均雷暴日大于15天/年的地区，高度在15 m及以上的烟囱、水塔等孤立的高耸建筑物；在平均雷暴日小于或等于15天/年的地区，高度在20 m及以上的烟囱、水塔等孤立的高耸建筑物

学习效果测试

一、单项选择题

1. 电缆敷设中最广泛的是(　　)。

A. 直埋　　B. 电缆沟　　C. 支架　　D. 桥架

2. 若无特别规定，一般插座距地的安装高度是(　　)m。

A .0.3　　B.1.3　　C.1.5　　D.1.8

3. 若无特别规定，一般灯开关的安装高度是(　　)m。

A.0.3　　B.1.3　　C.1.5　　D.1.8

二、多项选择题

1. 配电箱根据安装方式可分为(　　)。

A. 悬挂式　　B. 嵌入式　　C. 落地式　　D. 暗埋式

2. 桥架敷设时需注意(　　)。

A. 防水　　B. 防火　　C. 安保护管　　D. 安接地线

3. 对电气照明基本线路描述正确的是(　　)。

A. 火线先进开关后进灯　　B. 零线直接进灯

C. 火线和零线分别连接开关两端　　D. 多个开关控制多盏灯，相线可以公用

三、简答题

1. 试用文字描述 YJV(3 × 25+2 × 16)SC32-WS3.0 所代表的含义。

2. 试用文字描述 W1 BV(4 × 25+1 × 16)PC63-FC 所代表的含义。

3. 请说说电气工程图的作用。

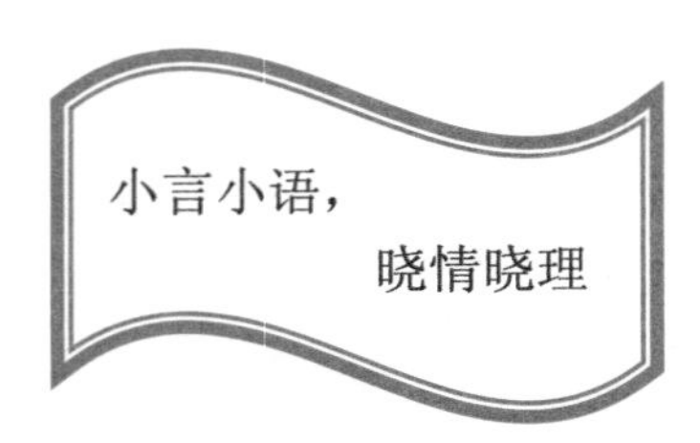

三峡水电站分布在我国重庆市到湖北省宜昌市的长江干流上，大坝位于三峡西陵峡内的秭归县三斗坪，并和其下游不远的葛洲坝水电站形成梯级调度电站。它是世界上规模最大的水电站，也是有史以来最大型的工程建设项目。据统计，三峡电站累计产生超过1000亿绿色电能。让世界见证了“中国实力”。我们国家在中国共产党的领导下越来越强大，身为中国公民，我们由衷地感到自豪！同时深深感到身为建筑人的职业自豪感和使命感！

三峡大坝

我们的国家越来越强盛，作为华夏子孙，我们在为此深深自豪时，应该做些什么呢？总书记勉励广大青年要肩负历史使命，坚定前进信心，立大志、明大德、成大才、担大任，努力成为堪当民族复兴重任的时代新人，让青春在为祖国、为民族、为人民、为人类的不懈奋斗中绽放绚丽之花。

让我们扫一扫，看看本项目的学习微课吧！

6.1 认识建筑供配电系统1

6.1 认识建筑供配电系统2

6.2 认识常用低压电器

6.3 学习电气线路工程2

6.3　学习电气线路工程 3

6.3　学习电气线路工程 4

6.3　学习电气线路工程 5

6.3　学习电气线路工程 1

6.4　认识防雷接地工程 1

6.4　认识防雷接地工程 2

6.5　学习电气工程识图 1

6.5　学习电气工程识图 2

6.5　学习电气工程识图 3

6.5　学习电气工程识图 4

6.5　学习电气工程识图 5

6.5　学习电气工程识图 6

项目七　建筑智能化系统

【项目导读】

建筑智能化工程已广泛用于我们的生活，大家平常早已接触过，但可能对它们不熟悉，对其不太了解，在这个项目里，我们将去认识建筑智能化工程，了解其具体内容。

★★★★★ 高素质、高技能复合型人才培养 ★★★★★

【知识目标】

1. 熟悉智能建筑系统构成；
2. 熟悉建筑自动化系统；
3. 了解建筑工程信息化。

【能力目标】

1. 能根据认识的智能建筑系统、自动化系统等知识画出思维导图。

【思政目标】

1. 培养大家克服困难、不屈不挠、认真谨信的工匠精神；
2. 培养大家团结协作、友爱互助精神和责任感。

任务一　认识智能建筑系统构成

◆ 任务引入

智能建筑系统究竟是什么？它离我们的生活很遥远吗？现在就让我们去认识智能建筑系统，感受一下它和我们的日常生活是否已密不可分。

◆ 任务布置（勾一勾，画一画；议一议，想一想；再背一背，做一做）

1. 请大家课前思索建筑智能化在什么方面？课后小结；
2. 请在书中勾画并理解智能建筑的定义、构成及功能。

◆ 相关知识

一、智能建筑的定义

《智能建筑设计标准》(GB 50314—2015)中对智能建筑的定义如下:以建筑物为平台,基于对各类智能化信息的综合应用,集架构、系统、应用、管理及优化组合为一体,具有感知、传输、记忆、推理、判断和决策的综合智慧能力,形成以人、建筑、环境互为协调的整合体,为人们提供安全、高效、便利及可持续发展功能环境的建筑。因此,可以了解到建筑智能化的目的,就是为了实现建筑物的安全、高效、便捷、节能、环保、健康等属性。

二、智能建筑系统的组成

智能建筑系统由上层系统集成中心(SIC)和下层的三个智能化子系统构成,如图 7-1 所示。智能化子系统包括建筑自动化系统(BAS)、通信自动化系统(CAS)和办公自动化系统(OAS)。BAS、CAS 和 OAS 三个子系统通过综合布线系统(PDS)连接成一个完整的智能化系统,由 SIC 统一监管。

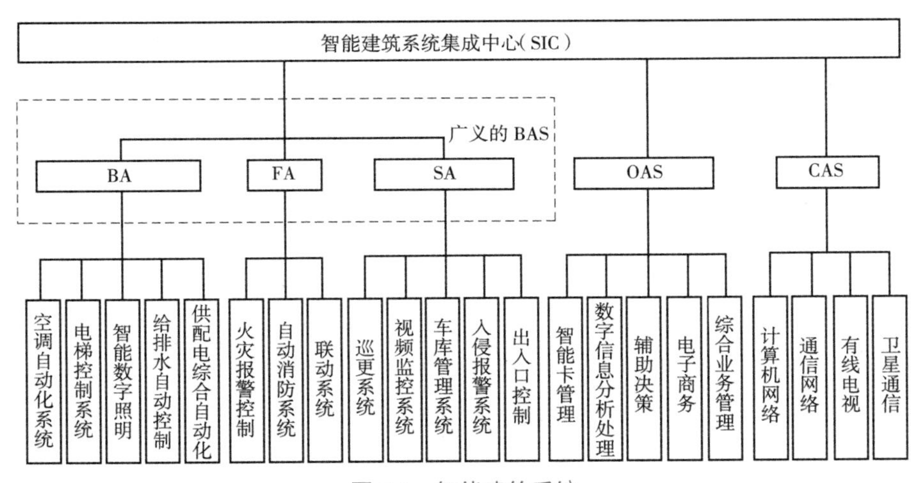

图 7-1　智能建筑系统

1. 系统集成中心(SIC)

系统集成中心(SIC)具有各个智能化系统信息汇集和各类信息综合管理的功能,是将各智能子系统通过网络、软硬接口对建筑物各个子系统进行综合管理;实时处理建筑物内的信息,它不是把各子系统简单叠加,而是综合运用各系统功能实现系统间信息要素的传输处理、信息交换及通信,以达到资源共享、高度自控的目的。

2. 综合布线系统(PDS)

综合布线系统(PDS)是一种模块化的、高度灵活的智能建筑布线网络,它通过传输媒介（如双绞线、光缆）使建筑物内部以及建筑群内部的语音、数据通信设备、信息交换设备、建筑物物业管理设备和建筑物自动化管理设备等与各自系统相连，使建筑物内的信息传输设备与外部的信息传输网络相连。

综合布线系统采用模块化结构，按每个模块功能分为六个部分，如图 7-2 所示。其中，三个布线子系统，即水平、垂直和建筑群干线布线子系统；两个管理区，即设备间和楼层管理区；一个工作区。布线子系统担任数据、语音、图像和控制等信号的传输，管理区完成对数据、图像等信号的存储、分配、交换和管理，工作区则是完成布线网络与终端设备的信号交换。各个模块互相独立，不受其他影响进入到 PDS 标准的开放式终端中，克服了传统布线各系统互不关联、施工管理复杂、缺乏统一标准、灵活性差等缺点。

工作区子系统由终端设备、适配器和连接信息插座的 3 m 左右的线缆共同组成。一个独立的需要设置终端设备的区域宜划分为一个工作区（如办公室）。

水平（配线）子系统由每一个工作区的信息插座开始，经水平布线到楼层配线间的线缆、楼层配线设备及跳线等组成。

主干（垂直）子系统由设备间（如计算机房、程控交换机房）的配线设备以及设备间配线架至楼层配线架之间的连接电缆馈线或光缆组成。

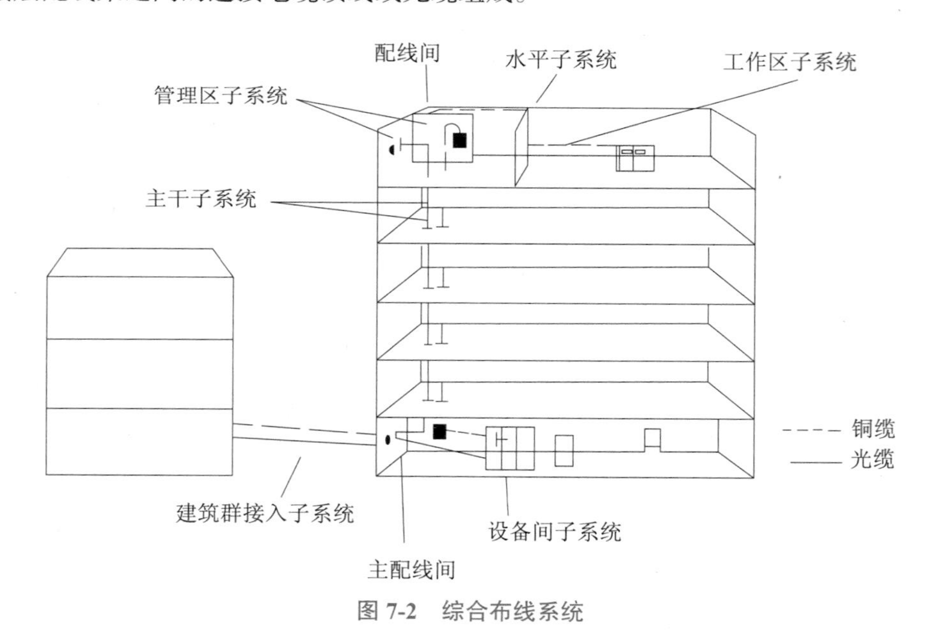

图 7-2　综合布线系统

管理区子系统是干线子系统和水平子系统的桥梁。由设备间、楼层配线间中的配线设备、输入／输出设备等组成。

设备间子系统由设备间的电缆、连接跳线架及相关支撑硬件、防雷保护装置等组成，是整个配线系统的中心单元。

建筑群子系统是将一个建筑物的线缆延伸到建筑群的另一些建筑物的通信设备装置，

由电缆、光缆和入楼处线缆上的过流过压保护设备等相关硬件组成。

三、智能建筑服务功能

智能建筑主要提供三大方面的服务功能，安全（火灾自动报警系统、自动喷淋灭火系统、防盗报警、闭路电视监控、保安巡更、电梯运行控制、出入控制、应急照明等）、舒适（空调监控、供热监控、给排水监控、供配电监控、卫星电缆电视、背景音乐、装饰照明、视频点播等）、便利高效（卫星通信、办公自动化、Internet、物业管理、宽带、一卡通等）。

分组讨论一下周围建筑有些什么智能化？畅谈智能化的发展可能。

◆ 任务实施

请完成任务布置并根据建筑智能化系统的构成及作用，画出思维导图。
解析：通过阅读和理解任务实施，详读深究教材。

任务二　认识建筑自动化系统

◆ 任务引入

智能化子系统包括建筑自动化系统（BAS）、通信自动化系统（CAS）和办公自动化系统（OAS），这些子系统具体又包括了哪些系统？其具体作用是什么？

◆ 任务布置（勾一勾，画一画；议一议，想一想；再背一背，做一做）

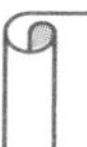

1. 请大家议一议自动化系统有哪些？列举生活中的例子；
2. 想一想并议一议自动化系统在生活中的作用。

◆ 相关知识

建筑自动化系统是采用计算机、网络通信和自动控制技术，对建筑物中的设备、安保和消防等进行自动化监控管理的中央监控系统。根据我国行业标准，建筑自动化系统（BAS）可分为设备运行管理与监控子系统（BA）、消防子系统（FA）和安全防范子系统（SA）。

一、建筑设备自动化系统

建筑设备自动化系统(BA)包括供配电、给排水、暖通空调、照明、电梯等监控子系统。建筑设备自动化系统对建筑中的这些机电设备进行有条不紊的综合协调,科学的运行管理及维护保养,为这些设备提供安全、可靠、节能、长寿运行的保证。

1. 供配电监控系统

供配电监控系统的主要功能是保证建筑物安全可靠的供电,主要是对各级开关及回路的运行状态进行监测。

2 照明监控系统

照明监控系统主要是照明的顺序启停控制、照明回路的分组控制、用电过大时自动切断以及无人熄灯控制等。

3. 给排水监控系统

给排水的监控目标是保证建筑物的给排水系统正常运行,监测管道及水泵等设备的运行状态及故障情况。

4. 暖通空调监控系统

暖通空调监控系统是通过对大楼环境温湿度的监测,对暖通空调系统的设备状态进行监控,实现对空调系统冷热源的温度、流量等的自动调节。

5. 电梯监控系统

电梯监控系统主要功能:电梯(自动扶梯)运行状态监视,故障检测与报警,电梯群控制管理,电梯的时间程序控制,与消防信号及保安信号的连锁控制。

二、安全防范自动化系统

安全防范自动化系统(SA)包括防盗报警、电视监控、出入口控制、访客对讲、电子巡更等。系统以维护社会公共安全为目的,给用户提供一种可视、简便、快捷的区域安防。

1. 防盗报警系统

防盗报警系统是将由红外或微波技术构成的运动信号探测器安装于一些无人值守或建筑物内外重要地点,发现监视区出现移动物体时,发出信号通知控制中心。

2. 闭路电视监视系统

闭路电视监视系统是将摄像机安装于重要场所,通过电缆将图像传至控制中心,保安人员在控制中心监视各监控区域的现场状态,监控系统还可报警并自动录像。

3. 出入口控制系统

出入口控制系统是将门禁开关、电子锁或读卡机等装置安装于建筑物或主要管理区的出入口,对这些通道进行出入对象控制或时间控制。

4. 访客对讲系统

访客对讲系统是在多层或高层建筑中实现访客、住户和物业管理中心相互通话、进行信息交流并实现对小区安全出入通道控制的管理系统，可分为可视、非可视、可视与非可视混合、单户型、单元型和联网型等。

5. 电子巡更系统

电子巡更系统是在规定的巡查路线上设置巡更开关或读卡器，要求保安人员在规定时间里规定路线上进行巡逻。

三、消防自动化系统

消防安全问题作为现代建筑使用过程中的重要问题，特别是对人流量大、疏散困难的高层建筑的影响非常大。火灾发生概率较小，但一旦发生火灾，将对人民生活产生不可估量的影响。针对火灾的这种特点，消防自动化系统就是在没有人为干预的情况下，对火灾进行有效的报警、控制并扑灭。

四、办公自动化系统

办公自动化（OA）主要是通过应用计算机技术、通信技术等先进科学技术，借助各种办公设备，将设备和人员构成服务于某种目标的人机信息交互系统，方便、快捷、有效地进行办公业务，通过协作和交流，简化员工工作，提高员工的办公效率和质量。

办公自动化系统按处理信息的功能划分为三个层次：事务型办公系统、信息管理型办公系统、决策支持型办公系统即综合型办公系统。

1. 事务型办公系统

事务型办公系统为人们通常所理解的狭义的办公自动化，包括文字处理、电子排版、电子表格处理、文件收发登录、电子文档管理、办公日程管理、人事管理、财务统计等。往往把常用的办公事务处理的应用做成软件包，包内数据可以共享，程序可以互相调用，大大提高了办公效率。

2. 信息管理型办公系统

信息管理型办公系统是第二个层次。它是把事务型办公系统和综合信息（数据库）紧密结合为一体化的办公信息处理系统。该层次要求必须有供本单位各部门共享的综合数据库。这个数据库建立在事务级办公系统基础之上，构成信息管理型的办公系统。

3. 决策支持型办公系统

决策支持型办公系统是第三个层次。它建立在信息管理级办公系统的基础上。它使用由综合数据库系统所提供的信息，针对需要做出决策的问题，构造或选用决策数学模型，由计算机执行决策程序，做出相应的决策。

事务型和管理型办公系统是以数据库为基础的。决策型办公系统除需要数据库外，还要有其领域的专家系统，可以模拟人类专家进行决策。

五、通信自动化系统

通信自动化(CA)主要用于建筑物内外各种通信联系,并提供相应网络支持服务。该系统是保证建筑物内语音、数据、文字、图像传输的基础,同时与外部通信网(如电话公网、数据网、计算机网、卫星以及广电网)相连,与世界各地互通信息,可分为卫星通信、图文通信、语言通信及数据通信。

◆ 任务实施

请完成任务布置并根据建筑自动化系统知识,分组讨论。

解析:通过阅读和理解任务实施,详读深究教材。

任务三　认识消防自动化系统

◆ 任务引入

如何对防不胜防的火灾进行预警、控制和扑灭,是消防自动化系统的强大功能,前面我们了解了消防系统的给水部分,但是除了供水,如何对火灾进行有效的警报,如何控制给水呢?在这个任务里,我们将带着大家去认识什么是消防自动化系统,它包括了些什么?其具体的作用又是什么?

◆ 任务布置(勾一勾,画一画;议一议,想一想;再背一背,做一做)

1. 理解消防自动化的原理;
2. 勾一勾消防自动化的构成。

◆ 相关知识

一、消防自动化系统的概念

消防系统(FA)是BAS(建筑自动化系统)的一个非常重要的独立子系统。消防系统可分为火灾自动报警系统与消防联动控制系统。

火灾自动报警系统是在火灾初期,将燃烧产生的烟雾、热量和光辐射等物理量,通过感温、感烟和感光等火灾探测器变成电信号,传输到火灾报警控制器,同时显示火灾发生的部位，记录火灾发生的时间。

消防联动控制系统是火灾发生后，联动启动自动喷水灭火系统、室内消火栓系统、防排烟系统等各种消防设备，报警及扑灭火灾的装置。火灾自动报警系统发现火警后，要发挥其消防功能，必然离不开消防联动系统。

二、火灾自动报警系统组成

火灾自动报警系统一般由火灾探测器、手动报警按钮、输入模块、火灾现场报警装置、报警控制器和火灾显示盘组成。

1. 火灾探测器

火灾探测器是能响应火灾参数（烟、温度、光、气体浓度等），并自动产生火灾报警信号的器件。根据响应火灾参数的不同，火灾探测器可分为感烟式、感温式、感光式、可燃气体探测式和复合式五种基本类型；按传感器的结构形式分为点式探测器和线式探测器；按探测器与控制器的接线方式分为总线制、多线制，其中总线制又分编码的和非编码的。

（1）感烟式探测器

火灾发生早期会产生大量烟雾，感烟探测器能探测物质初期燃烧所产生的气溶胶或烟粒子浓度，该产品适用安装在发生火灾后产生烟雾较大或容易产生引燃的场所，如住宅楼、商店、仓库等室内场所，不宜安装在平时烟雾大或通风速度较快的场所，比如厨房、吸烟室。

（2）感温式探测器

火灾时物质燃烧产生大量的热量，使周围温度发生变化，感温式探测器能响应异常温度、温升速率和温差等火灾信号，是使用面广、品种多、价格低的火灾探测器。它适用于相对湿度经常大于95%、易发生无烟火灾、有大量粉尘的场所；在正常情况下有烟和蒸气滞留的场所，如厨房、锅炉房、发电机房、烘干车间、吸烟室；其他不宜安装感烟探测器的厅堂和公共场所。

（3）感光式火灾探测器

感光式火灾探测器又称为火焰探测器，主要是响应火灾的光特性，利用火灾时火焰产生的红外光紫外光作用在光敏元件上，从而发出电信号，实现火灾报警。该探测器能够在高（或低）温，高湿、震动等苛刻的环境下工作。

（4）可燃气体探测器。

可燃气体探测器是通过可燃气体敏感元件检测出可燃气体的浓度，当达到给定值时，发出报警信号的装置。它主要适用于散发可燃气体和可燃蒸汽的场所（如乙烯装置、裂解汽油装置等的泵房）。

（5）复合式火灾探测器。

复合式火灾探测器是可以响应两种或两种以上火灾参数的火灾探测器，主要有感温感烟型、感光感烟型、感光感温型。

2. 手动报警按钮

它是现场人工确认火灾后，手动产生火灾报警信号的装置，操作方式有手动按碎、手动击打和手动按下等。

3. 输入模块

输入模块用于接收消防联动设备输入的常开或常闭开关量信号，并将联动信息传回火灾报警控制器（联动型），主要用于配接现场各种主动型设备，如水流指示器、压力开关、位置开关、信号阀及能够送回开关信号的外部联动设备。

输入模块只对设备起一个监视的作用，本身不能控制该设备。例如信号阀，应处于常开的状态，信号阀常开时连接信号阀的模块则向报警主机传递信号阀正常的信号，如果信号阀被人为地关闭，该模块则会向主机传递信号阀已经关闭的信号，但是模块本身不能控制信号阀的开闭。所以，输入模块又叫做监视模块。

4. 火灾现场报警装置

报警装置包括故障指示灯、故障蜂鸣器、火灾事故光字牌和火灾警铃等。

声光报警器火警时可发出声和光报警信号，由联动控制器的配套执行器件（继电器盒、远程控制器或输出控制模块）来控制。警笛和警铃火警时可发出声报警信号（变调音），同样由联动控制器输出控制信号驱动现场的配套执行器件完成对警笛、警铃的控制。

5. 火灾自动报警控制器

火灾自动报警控制器是在火灾自动报警系统中为火灾探测器供电、接收、显示、记录和传输火灾报警信号，并向消防设备发出控制指令的设备。它可以单独作火灾自动报警用，也可以向联动控制器发出联动信号，组成消防联动系统。火灾自动报警控制器是整个火灾自动报警系统的指挥中心。

6. 火灾显示盘（重复显示屏）

火灾显示盘设置在每个楼层或独立的消防分区内，用于显示本区域内各探测点的报警和故障情况。火灾发生时，指示人员疏散方向、火灾所处位置、范围等。

三、消防联动控制系统

消防联动控制系统在发生火灾后，启动各种消防设备，以达到报警及扑灭火灾的目的，由一系列控制系统组成，报警、灭火、防烟排烟、广播和消防通信等，具体内容及联动关系参看图 7-3。

（1）联动控制器

联动控制器是消防联动控制设备的核心组件，有多线制和总线制控制方式，它与火灾报警器配合，用于控制各类消防外控设备。接收到火灾报警控制器发出的火灾报警信息后，可按预设逻辑对自动消防设备实现联动控制和状态监视。消防联动控制器可直接发出控制信号，通过驱动装置控制现场的受控设备。

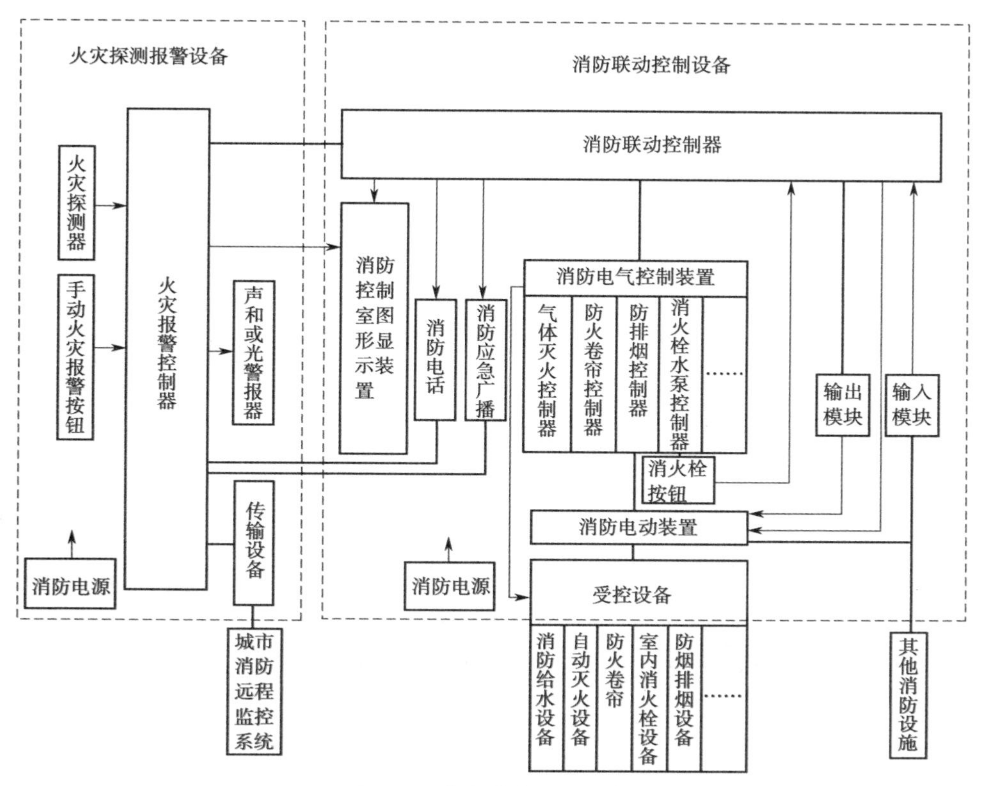

图 7-3　消防联动控制系统

（2）控制模块

控制模块是总线制联动控制的执行器件，直接与联动控制器的控制总线或火灾报警控制器的总线连接。当火灾发生后，通过控制模块发出声和光报警信号，开启正压新风，保障人员安全疏散。

四、消防自动化系统（火灾自动化报警系统）分类

1. 区域报警系统

区域报警系统由火灾探测器、手动报警按钮、区域控制器、火灾报警装置等构成。区域报警系统保护对象仅为建筑物中某一局部范围或某一措施，较简单，使用很广泛，可在小型建筑单独使用，工矿企业的要害部位（如计算机房）和民用建筑的塔式公寓、办公楼等场所，同时，也是集中报警系统和控制中心报警系统必不可少的设备，一般一个报警区宜设置一台区域控制器，如果需要设置超过两台，就需要考虑采用集中报警控制器。

2. 集中报警系统

集中报警系统由火灾探测器和集中控制器、区域报警控制器、报警装置等组成。集中报警系统应由一台集中火灾报警控制器和两台以上区域火灾报警控制器组成，适用于保护对

象规模较大的场合,高层的宾馆、商务楼、综合楼等建筑。集中火灾报警控制器是区域火灾报警控制器的上位控制器,是建筑消防系统的总监控设备,其功能比区域火灾报警控制器更加齐全。

3. 控制中心报警系统

控制中心报警系统由设置在消防控制室的消防控制设备、集中报警控制器、区域火灾报警控制器、火灾探测器等组成,其中消防控制设备包括火灾警报装置,火警电话,火灾应急照明,火灾应急广播,防排烟、通风空调、固定灭火系统的控制装置,消防电梯等联动装置,控制中心报警系统可对建筑中的消防设备实现联动控制和手动控制,适用于大型建筑群、超高层建筑。

◆ 任务实施

请完成任务布置并根据建筑消防自动化系统知识,分组讨论,画出思维导图。

解析:通过阅读和理解任务实施,详读深究教材。

任务四　认识建筑工程信息化

◆ 任务引入

建筑物是一个综合的个体,人们为了方便去了解它,人为地把它分解成土建、安装等各个专业去研究,各方技术在实践施工中,发现互相之间会出现矛盾,怎么解决这些问题呢?于是出现了建筑工程信息化,这是一种数字化手段,在计算机中根据已有信息建立出一个虚拟建筑,该虚拟建筑会提供一个单一、完整、包含逻辑关系的建筑信息库。其本质就是一个按照建筑直观物理形态构建的数据库,记录了各阶段的所有数据信息。那么它是怎样的呢?本任务将带领大家去了解它。

◆ 任务布置(勾一勾,画一画;议一议,想一想;再背一背,做一做)

1. 理解建筑信息化的含义;
2. 理解建筑信息化的内容。

◆ 相关知识

一、建筑工程信息化的定义

将建筑工程信息数字化、参数化、模块化并整合至建筑信息模型（Building Information Modeling，BIM）中，即为建筑工程信息化。

二、BIM 的作用

建筑信息模型（BIM）是以建筑工程项目的各项相关信息数据为基础而建立的建筑模型。通过数字信息仿真，模拟建筑物所具有的真实信息。BIM 是以从设计、施工到运营协调、项目信息为基础而构建的集成流程，其作用是反映三维几何形状信息；反映非几何形状信息，建筑构件的材料、重量、价格、进度和施工等；将建筑工程项目的各种相关信息的工程数据进行集成；为设计师、建筑师、水电暖铺设工程师、开发商乃至最终用户等各环节人员提供"模拟和分析"。

三、BIM 的特点

（1）可视化

可视化即"所见即所得"。施工图纸只是各个构件的信息，在图纸上以线条绘制表达，但是真正的构造形式就需要建筑业人员去自行想象了，BIM 提供了可视化的思路，将以往的线条式的构件，形成一种三维的立体实物图形展示在人们面前，同构件之间形成互动性和反馈性的可视化。在 BIM 建筑信息模型中，由于整个过程都是可视的，项目设计、建造、运营过程中的沟通、讨论、决策都可在可视化的状态下进行。

（2）协调性

各行业项目信息经常出现"不兼容"现象，各种专业之间经常出现碰撞问题，管道与结构冲突，各个房间出现冷热不均，该预留的洞口没留或预留尺寸不对等情况。BIM 建筑信息模型可在建筑物建造前期对各专业的碰撞问题进行协调，生成协调数据，并提供出来。

（3）模拟性

BIM 建筑信息模型除了模拟设计出建筑物模型外，还可以模拟不能够在真实世界中进行操作的事物。节能模拟、紧急疏散模拟、日照模拟、热能模拟等；在招投标和施工阶段进行 4D 模拟（三维模型加项目的发展时间），根据施工组织设计模拟实际施工，从而确定合理的施工方案来指导施工；进行 5D 模拟（基于 4D 模型加造价控制），实现成本控制；后期运营阶段模拟日常紧急情况的处理方式，如地震时人员逃生模拟及消防人员疏散模拟。

（4）优化性

BIM 模型在整个设计、施工和运营的过程中是一个不断优化的过程。BIM 模型提供了建筑物的实际存在信息，在此基础上，借助一定的科学技术和设备帮助，BIM 及与其配套的各种优化工具可以提供对复杂项目进行优化的服务，一是将项目设计和投资回报分析结合起来，可以实时计算出针对设计方案的设计变化对投资回报的影响，业主对设计方案的选择将更为容易。二是可以对特殊项目进行设计优化。在大空间随处可看到异型设计，裙楼、幕墙和屋顶等。这些内容看似占整个建筑的比例不大，但是占投资和工作量的比例却往往很大，而且通常是施工难度较大和施工问题较多的地方，对这些内容的设计施工方案进行优化，可以显著地改善工期和造价。

（5）可出图性

BIM 模型通过对建筑物进行可视化展示、协调、模拟和优化以后，绘制出的综合管线图（经过碰撞检查和设计修改，消除了相应错误）、综合结构留洞图（预埋套管图）以及碰撞检查侦错报告和建议改进方案。

◆ 任务实施

请完成任务布置并根据建筑信息化系统知识，分组讨论。

解析：通过阅读和理解任务实施，详读深究教材。

学习效果测试

一、单项选择题

1. 智能建筑系统的各子系统通过(　　)连接。

A. 集成中心　　B. 综合布线　　C. 自动化系统　　D. 通信自动化

2. 报警装置不包括(　　)。

A. 故障指示灯　　B. 故障蜂鸣器　　C. 手动报警按钮　　D. 火灾警铃

3. 只是对设备起一个监视的作用,本身不能控制该设备的模块是(　　)。

A. 输入模块　　B. 输出模块　　C. 输入输出模块　　D. 控制模块

二、多项选择题

1. 智能建筑系统由(　　)构成。

A.SIC　　B.BAS　　C.CAS　　D.OAS

2. 消防系统分为(　　)。

A. 火灾自动报警系统　　B. 消火栓系统

C. 消防联动控制系统　　D. 自动喷淋系统

3. 火灾探测器根据响应火灾参数的不同分为(　　)。

A. 感烟式　　B. 感温式　　C. 感光式　　D. 可燃气体

三、简答题

1. 什么叫建筑智能化?

2. 消防自动化系统指的是什么?

3. 请说说 BIM 的特点和作用?

建筑是人们用泥土、砖、瓦、石材、木材（近代用钢筋砼、型材）等建筑材料构成的一种供人居住和使用的空间，如住宅、桥梁、厂房、体育馆、窑洞、水塔、寺庙等，但建筑企业的粗放式发展模式已经进入瓶颈期，不再野蛮扩张。在资金压力和投资下行情况下，精益管理、成本控制更加受到重视。信息化转型、实现数字赋能越来越成为建筑企业缓解成本压力的有效手段，2021 年中国建筑信息化市场规模达 438.6 亿元，同比增长 25.17%，未来仍将继续保持增长趋势，预计 2025 年中国建筑信息化市场规模有望突破 1000 亿元。我国建筑信息化起步相对较晚，目前国内企业产品主要集中于应用软件、管理平台软件、智慧工地领域。在设计领域，我国业内代表性企业主要有鸿业科技、盈建科；在造价领域，国内主要竞争者有广联达、品茗科技、斯维尔、海迈科技；在施工、智慧工地领域，则有广联达和品茗科技等。但总的来说，现阶段我国已实现全产业链产品覆盖的企业数量较少，任重而道远，还需各位再接再厉，为国家，为建筑行业，为建筑信息化，努力学习，添砖加瓦。

总书记也勉励大家要勇于创新，深刻理解把握时代潮流和国家需要，敢为人先、敢于突破，以聪明才智贡献国家，以开拓进取服务社会。要实学实干，脚踏实地、埋头苦干，孜孜不倦、如饥似渴，在攀登知识高峰中追求卓越，在肩负时代重任时行胜于言，在真刀真枪的实干中成就一番事业。

参考文献

[1] 秦树和 . 管道工程识图与施工工艺[M]. 重庆:重庆大学出版社,2013.

[2] 杨光臣 . 建筑电气工程识图·工艺·预算[M]. 北京:中国建筑工业出版社,2014.

[3] 边凌涛 . 安装工程识图与施工工艺[M]. 重庆:重庆大学出版社,2016.

[4] 周玲 . 建筑设备安装识图与施工工艺[M]. 西安:西安交通大学出版社,2012.

[5] 吴心伦 . 安装工程造价[M]. 重庆:重庆大学出版社,2018.

[6] 刘钦 . 建筑安装工程预算[M]. 北京:机械工业出版社,2013.

[7] 苟志远. 建设工程技术与计量(安装工程)[M]. 北京:中国计划出版社,2021.

[8] 中华人民共和国国家标准. 建筑给水排水及采暖工程施工质量验收规范: GB 50242—2002 [S]. 北京:中国建筑工业出版社,中国计划出版社,2003.

[9] 重庆市建设工程造价管理总站. 重庆市通用安装工程计价定额: CQAZDE—2018[S]. 重庆:重庆大学出版社,2018.

[10] 中华人民共和国国家标准. 建筑工程施工质量验收统一标准: GB 50300—2013 [S]. 北京:中国建筑工业出版社,中国计划出版社,2013.

[11] 北京城建集团. 建筑电气工程施工工艺标准: DBJ/T 61—40—2016 [S]. 北京:中国建材工业出版社,2016.

[12] 中华人民共和国国家标准. 建筑电气工程施工质量验收规范: GB 50303—2015 [S]. 北京:中国建筑工业出版社,中国计划出版社,2015.